博客思出版社

手創新視界

——手工皂

本書由以下手工藝（工、商、協）會聯合籌備、製作與發行
主辦：新北市手工藝業職業工會（TTQS訓練銅牌獎辦訓單位）
協辦：新北市保養品從業人員職業工會（TTQS訓練機構版辦訓單位）
　　　社團法人台灣手工藝文創協會（TTQS訓練機構版辦訓單位）
　　　新北市手工藝文創協會
　　　新北市手工藝品商業同業公會

目錄

MIT 的手工皂

　　「微型創業」的風潮，宛若當年我們「一卡皮箱走遍天下」的企業精神，近年來在年輕世代當中蔚為風潮。微型企業的特質：您不需要太龐大的資金、也無須固定的生產場域，只要心中有創意、有拚勁，人人都可以開門做生意。乍聽起來相當容易，但真要將微型創業從入門到進階，繼而發展到具有一定程度的企業規模，則相應的業別知識與技能訓練，便成為其能否達致升級條件的關鍵。

　　以本書的主角「手工皂業」為例，肥皂基本製作原理人人皆知，但實際要製作出一塊兼具真善美的手工皂，卻遠不如想像中那般輕易：打從材料的選擇、塑形的構思、配色的融合、芬芳的調和、製程的步驟等，其背後皆必須仰賴更為專業的職能基礎。尤其在國人重視身體保健、訴求回歸天然的衛教風氣下，如何製作出香氣馥郁、卻又純淨無毒的手工皂，將會是手工皂職人們向上提升的重要課題。

　　很幸運的，在手工藝（工、商、協）會聯合籌備、製作與發行下，催生了手工皂技能訓練的專書，依循著勞動部勞發署「人才發展品質管理系統」（簡稱TTQS）的訓練管理迴圈架構，提供專業的創意手工皂製程步驟與選材知識。透過本書包羅萬象的豐富內容，相信即便是新手門外漢，也能成為具有創思的職人，甚或更進一步的開創自我的微型企業，促進台灣文創產業的優質化。

　　我一直以為：「藏富於民」才是一個國家能否邁向富庶的關鍵。這裡所指的「富」，並非僅止於財富，而是泛指各種豐富的創意、各種帶動社會向上的原動力。以勞動力為例，政府充其量僅能就人才培訓的基準做相應的規範，真正讓基準付諸實踐、真正孕育出專業人才的，始終都還是民間認真的辦訓單位。手工皂業兼具有文化創意與精品印象等特質，未來前景無可限量，期許在發行本書的相關單位努力下，使這個產業更加茁壯，有朝一日能與歐美知名品牌相互媲美，讓世界得以瞧見台灣製造手工皂的真善美！

勞動部　政務次長

期待手工藝職業工會
不斷創造驚奇

　　新北市轄內目前總計有426個產業、企業和職業工會，其中職業工會大都以代辦勞健保為主要服務項目。過去很長一段時間，外界幾乎將職業工會和「勞保工會」劃上等號，這對認真辦理會務的職業工會並不公平。

　　其實職業工會能夠做的事情，遠遠超過想像。101年底開始，勞工局發起「新北工會行善團」，鼓勵工會發揮本職學能專長，幫助弱勢族群改善環境。例如廚具爐具、油漆、泥水、木工工會就經常聯手出動，協助弱勢獨居長輩進行「居家修繕」，雖然會員經常得在狹小空間裡忙到灰頭土臉，但完工後看到長輩露出的笑容，再辛苦也值得。手工藝職業工會也參與工會行善團，對弱勢團體舉辦10場以上的手工藝教學，並參與捐助物資義賣活動，行善不落人後。

　　此外勞工局還積極鼓勵職業工會申請TTQS（人才發展管理系統）認證，讓工會成為一個辦訓基地，讓工會成為職訓中心網絡的一部分。手工藝職業工會很爭氣，經過這幾年積極努力，不僅通過勞發署認證TTQS銅牌 A級訓練單位，提昇會員的技藝水準，也獲選為新北市105年優良工會。

　　這次工會進一步整合17名手工皂績優師資作品集出版，實屬業界創舉。尤其許多原本不輕易外授的私房技法，不僅讓手工皂昇華為藝術品，更能讓整體產業向上提升。期待開放思維的手工藝職業工會，不斷創造更多驚奇。

新北市勞工局局長

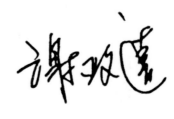

願台灣手工皂藝術邁向世界

　　初見 聰志理事長的團隊成員，是在民國103年底手工藝（工、商、協）會聯合主辦的手工皂師資班學員創意成果發表會上，他那圓圓的臉蛋上散發著出自信，爽朗真誠的笑容與輕鬆說話的語調，讓人一見，就如同認識許久的好友一樣，給人留下良好深刻的印象。而在參觀各式手工皂創意作品途中，發現學員們那滿滿的創意發想，琳瑯滿目、美不勝收，在在讓人大開眼界，原來手工皂亦能有這樣的藝術呈現。

　　透過擁有個人魅力，美麗大方，時髦氣質的保養品工會 麗娟理事長介紹得知手工藝（工、商、協）會辦訓的理念與堅持，學習將各項手工皂技法創意的演變及專業知識的探討，藉由適當的腦力激發、繳交作業的壓力與團體競賽的方式，產生如此豐碩的成果。許多手工皂的創新思維，及將已知的相關技法合併成一個新的作品。如此的創意作品展現與推廣，讓台灣能邁向手工皂大海賊時代，並成為亞洲手工皂首屈一指的推廣重鎮。

　　接著迎面而來遇見笑容可掬、甜美可愛的手工藝品商業同業公會 碧月理事長，再經由她的解說瞭解，在手工皂師資培訓的教學課堂中，學員們總是歡笑聲連連；透過師資群的實作示範，詼諧幽默的教學方式指導著手工皂各項技法的「眉角」，讓同學們得以嘖嘖稱奇；如此地專業且有趣的教學方式，學員們每次上課，總是在歡愉且不捨中，也帶著歡笑結束每天的學習。學習當中最痛苦的應該就是畢業時要做出這創意手工皂作品吧！

　　此次新書手工藝（工、商、協）會將壓箱寶全給翻出來了，集結了手工皂專業講師教學師資群們多年來的做皂教學武功祕笈，透過一一圖解來細細分享各種經驗，師資群們並將自己的心血結晶及豐富的實作失敗體驗所得到的成果，藉由此次書籍出版，讓廣大的手工皂愛好者，都能如臨現場上課般，得到各種問題與技法的解答。豐富的手工皂教學實作分享，讓此書成為最詳盡的手工皂工具書；也讓此書成為非常值得擁有並珍藏的不敗經典。

　　誠摯地祝福在 聰志理事長的帶領下 手工藝（工、商、協）會辦訓教學綿綿長流，創意源源不斷，帶領著台灣手工皂邁向全世界，成為手工皂首屈一指的教學團體，並賀新書刷版無數……大熱賣！

中華民國職業工會全國聯合總會

理事長 劉進發

台灣手工皂從業之現狀與發展

「學習」才能加強能力，
「實作」才能驗證所學，
「講述、報告及分享」才能展現紮實真功力，
隨時做好準備迎接挑戰，
未來在創業上必得一席之地。

吳聰志

新北市手工藝業職業工會 理事長
社團法人台灣手工藝文創協會 理事長
新北市保養品從業人員職業工會 監事
新北市手工藝文創協會 常務理事
中華民國職業工會全國聯合總會 理事
新北市總工會 理事
新北市政府勞工局 局務顧問
大安庇護農場 技術顧問
101年全國工人總工會—模範勞工
102年新北市模範勞工—工會領袖組
103年朱立倫市長親頒—熱心公益獎牌及優良工會獎座
104年中華民國職業工會全國聯合總會—模範勞工
105年朱立倫市長親頒—優良工會獎座

緣由：

　　「手工皂」已經盛行於歐美日多年，台灣在歐美知名品牌陸續引進後，帶動了手工皂的使用風氣，並形成一個新興市場，也掀起手工皂創業之風潮。台灣手工皂市場在國內外大小品牌陸續加入後，「微型企業之手工皂業」競爭越來越激烈，能夠穩定立足實屬不易。而行政院衛生署於中華民國97年1月2日之公文令（衛署藥字第0960065832號）【香皂系列屬化粧品管理，依化粧品衛生管理條例第十五條第一項規定，化粧品之製造，非經領有工廠登記證者，不得為之。但鑑於工廠管理輔導法業經施行，從事手工香皂之製造、加工者，如未達依該法所公告之規模標準，自不必辦理工廠登記，但仍應符合化粧品製造工廠設廠標準相關規定。署長　侯勝茂】！更是讓「家庭式小規模生產」，成為一般家庭婦女或職業婦女，空暇時分製作手工皂，成為手工藝業中的首選。

　　有鑑於近年來，國人愈來愈重視食安問題，同時崇尚自然的觀念，於是盲目追求製作手工皂。但一般人並沒有化學背景或欠缺化學相關知識，在認知不足及技術良莠不齊之下，低劣品質之手工皂充斥於市場上，造成一片亂象。品質低劣之手工皂，使用過多的鹼，恐會傷害到人體肌膚；更因網路之盛行，錯誤資訊快速流通，導致「家庭式小規模生產者」胡亂添加了一些有害添加物，引發消費者皮膚受到刺激，以致於產生霉菌等危害健康。

　　根據經濟部統計處調查資料庫整理（2016年9月）的統計資料，2003~2014年度顯示，清潔用品製造業工廠營運數從161家成長到238家，增長率為47.83%；從業員工人數從3,597（人）成長到3,958（人），增長率為10.03%；營業收入從32,304,465（千元）成長到38,302,729（千元），增長率為18.56%。由統計資料顯示，在10年之間，工廠營運數增加了快47.83%，但從業員工人數增長率僅為10.03%，營業收入也僅是增加了18.56%。這也顯示肥皂業者因技術門檻較低，資金與設備成本不高，投入者眾，工廠逐漸小型化且營業收入亦逐漸降低。

表 1-1：2003 ~2015年度清潔用品製造業工廠校正及營運調查統計表

項目別	營運中工廠家數 （家）	年底從業員工人數 （人）	全年營業收入 （千元）
	清潔用品製造業	清潔用品製造業	清潔用品製造業
2003年	161	3,597	32,304,465
2004年	186	3,660	23,341,212
2005年	199	3,306	25,659,496
2007年	207	3,299	20,364,969
2008年	215	3,310	22,413,573
2009年	224	3,440	23,069,097
2010年	239	3,554	35,771,267
2012年	246	3,985	38,868,770
2013年	235	4,167	37,769,141
2014年	238	3,958	38,302,729

資料來源：經濟部統計處調查資料庫整理（2016 年9 月）
https://www.moea.gov.tw/Mns/dos/home/Home.aspx

再透過勞動部職類別薪資調查動態查詢2013~2015年化學製品製造業（813100）藥品及化粧品機械操作人員薪資調查，可以得知從事化學製品製造業高階研發與操作人員的薪資，是逐年的增加。

表 1-2：2013~2015年勞動部職類別薪資調查動態查詢報告統計表

化學製品製造業 (813100) 藥品及化粧品機械操作人員	受僱員工(人數) (單位：人)		
	102年7月	103年7月	104年7月
	2,549	2,488	2,847
	受僱員工(總薪資) (單位：元)		
	102年7月	103年7月	104年7月
	34,194	34,959	43,417
	受僱員工(經常薪資) (單位：元)		
	102年7月	103年7月	104年7月
	30,720	31,401	36,686
	受僱員工(非經常薪資) (單位：元)		
	102年7月	103年7月	104年7月
	3,474	3,558	6,731

資料來源：勞動部職類別薪資調查動態查詢（2016 年9 月）
https://pswst.mol.gov.tw/psdn/Default.aspx

若以手工皂生產規模來說，可分為「家庭式小規模生產」和「微型企業之手工皂業」。家庭式小規模生產者，要合法化必須申請「行號或公司設立」（營利事業登記）和「免工廠登記證」。依台財稅字第09504553860號小規模營業人營業稅起徵點法規之規定，銷售貨物者為8萬元以下者，不必申報及課稅，因此「家庭式小規模生產」相關的生產值與生產量缺乏官方或民間研究機構系統性的統計數據與調查資料。

表 1-3：小規模營業人營業稅起徵點法規之規定

小規模營業人 每月銷售額(元)		$80,000以下者 銷售貨物者為8萬元 銷售勞務者為4萬元	$80,000-199,999	$200,000以上者
商業登記 (縣、市政府)		需登記	需登記	需登記
稅籍登記 營業登記-國稅局		需登記	需登記	需登記
營業稅	課徵	不需課徵	查核課徵	申報課徵
	稅率	不需課徵	1% (若使用發票5%)	5%
	統一發票	不需課徵	可用或不用	需用統一發票
	課徵方式	不需課徵	由國稅局按季開徵	每2個月申報一次
所得稅		併入個人綜合 所得稅申報	視情況而定	營利事業所得稅申報

構思：

民國101年時，新北市手工藝業職業工會有感於手工皂的蓬勃發展與產業需求，經理監事聯席會議之決議，確實有發展手工皂專業課程之實際需求，未來可能從事工作範疇如下：

A.希望進一步提升自己在手工皂專業知識與技能的自營者。

B.希望於任職公司能勝任手工皂調配技巧等職能資格，作為該公司員工之教育訓練。

C.希望取得手工皂調配技巧專業知識與技能，做為第二專長及創業準備。

因此開辦了「手工皂專業講師班」之訓練課程。藉由勞動部勞動力發展署「人才發展品質管理系統簡稱（TTQS）之P、D、D、R、O」訓練管理迴圈架構，透過一系列正確的化學知識與安全操作方法來教導學員們，如何成為一位有創意的手工皂講師，依照政府之法規，申請商登、營登、免廠登及妝廣字號，並能瞭解相關化粧品衛生管理條例、勞保、健保及補習班法之規定。

執行：

本會自102~105年於新北市、台中市、新竹市與台南市內開辦「手工皂專業講師班」之訓練課程教學與創業輔導統計，四年間共有300位學員（女男比為30：1，女性年齡介於30~55歲之間；新北市共230人，外縣市70人）參與，經查詢願意提供相關資料者，共有70位學員已取得「行號或公司設立（營利事業登記）」和「免工廠登記證與工廠登記」，自行創業並販售手工皂。大部分創業學員均為「家庭式小規模生產」自產自售，有些亦接受B2B（business-to-business，指企業間透過電子商務的方式進行交易）或B2C（business to customer，指企業對消費者的電子商務模式）代工之生產。

檢核：

本會於105／9／19日發公文函洽詢衛生福利部食品藥物管理署、新北市政府衛生局食品藥物管理科、高雄市政府衛生局及台北市政府衛生局食品藥物管理處等各地方政府衛生局，申請手工皂免工廠登記從97年至105年的相關資料。

表 1-4：2008 ~2016**年度免工廠登記表**

回函單位	登記家數
衛生福利部食品藥物管理署	請洽各地方政府
台市政府衛生局食品藥物管科	86
高雄市政府衛生局	140
新市政府衛生局食品藥物管科	369

就上表可以得知，本會於新北市內推動「手工皂專業講師班」之訓練課程，免工廠登記家數確實高於其它直轄市2~4倍之間，成效卓越。

成果：

　　本會融合了最近幾年手工皂的教學經驗與手工皂職能產官學訓會議的研討，分析並定義出手工皂行業人員須要瞭解並會正確操作的職能內涵，如下列表：

表 1-5：**手工皂行業之職能內涵**

職能內涵	課程	行為指標	對應的知識技能	
			知識(K)	技能(S)
	製皂常識	P1 能正確選擇防護工具避免身體及衣服受損害 P2 能操作各種打皂工具 P3 能夠合法申請免設立工廠登記 P4 能夠合法申請營業登記及廣妝字號	K1 勞安衛常識 K2 環保觀念 K3 緊急處理常識 K4 各類工具特性及原理 K5 化妝品管理條例	S1 各種防護工具之使用方法 S2 各種打皂工具之使用方法 S3 文件填寫及場地設備布置
	配方設計	P5 能正確秤量材料使用重量	K6 皂化反應 K7 油脂特性 K8 清潔原理 K9 皮膚生理學	S4 依照皮膚屬性設計配方 S5 皂化價之計算
	製皂技法	P6 能操作工具做出一鍋好皂 P7 能操作造型模具或運用其他方式改變外型	K6 皂化反應 K10 各類工具特性及原理	S6 各種工具之使用方法 S7 製皂技巧 S8 渲染與拉花
	判斷晾皂完成及儲存	P8 能檢驗pH值下降到合理範圍再包裝及儲存	K6 皂化反應 K10 各類檢驗工具特性及原理	S9 各種檢用工具之使用方法 S10 包裝及儲存

　　希望藉由本書的出版，提供讀者善用手工皂各單元的創意製作範例，除了在教學實務現場應用，更期能培養學員真正涵養並提升專業能力，進而讓國人大眾瞭解健康正確的手工皂製作之樂趣，並將興趣轉換為第二專長。

本會座右銘
目標與成就
成功的道路上，選擇大於努力，
格局決定結局，心態決定一切。
目標有多大、成就有多高

手工藝（工、商、協）會

社團法人台灣手工藝文創協會、新北市手工藝業職業工會 理事長 吳聰志
新北市手工藝品商業同業公會 理事長 王碧月
新北市保養品從業人員職業工會 理事長 林麗娟
新北市手工藝文創協會 理事長 陳玉琴
手工藝（工、商、協）會 總幹事 周靖文

敬上

陳觀彬

國立雲林科技大學化學工程博士
手工藝工商協聯合會顧問
105年提升勞工自主學習計畫 手工皂與保養品實務課程講師
手工藝工商協聯合會 手工皂師資班 講師
手工藝工商協聯合會 保養品師資班 講師

皂化反應
saponification

壹、前言

近年來手工皂的技術與創意不斷被許多名師研發出來，創造出手工皂許多的驚奇作品，也有人追求如何製造「無氣泡」、「絕世好皂」、「電打與量產」等技術的提升，開創出一股熱潮。這些名師的技術與精神值得大家所效法與學習。然而這些看似複雜且高難度的技術背後，其實都與「皂化反應」脫離不了關係，而皂化反應理論在科學上的定義非常清楚且很簡單，更是每堂手工皂課程中，學員必須學習到的基礎理論課程內容，但因每位老師對皂化理論的認知不同，教導下就產生一些差異性，端看學員如何去理解與應用。本章節將以簡單而較有系統的方式，詳細的敘述皂化反應理論，期望能對皂化反應有興趣的人有更多深入的瞭解。

貳、認識肥皂 （soap）：

提到皂化反應，還是要先從認識「肥皂（soap）」開始介紹。到底什麼是「皂」？較專業的說法：所謂的「皂」其組成是一種脂肪酸金屬鹽（脂肪酸鹽）的化學物質。其化學結構組成包含了二大部分：（1）脂肪酸（2）金屬離子。其通式 RCOO- M+ 。（M：代表不同金屬離子）。

脂肪酸的來源，以手工皂為例，大多是以植物油脂為主（也有使用動物油脂），而每種油脂的三酸甘油酯中其脂肪酸的含量組成不同，因此選擇不同的油脂皆可以形成不同特性的手工皂，這就是配方設計的技巧所在。大家可以參考下一章節-油脂特性。

金屬離子的來源，就是鹼水溶液。如果選擇使用氫氧化鈉（NaOH），以鈉離子為主，則形成鈉鹽，稱為固體肥皂（俗稱：鈉皂）。如使用氫氧化鉀（KOH），以鉀離子為主，則形成鉀鹽，稱為液態肥皂（俗稱：液皂）。以上鹼量的計算則與油脂的皂化價（不同油脂有不同之皂化價）相關，如何應用皂化價來計算出鹼量是非常重要的

基本關鍵知識。

皂的特色以化學結構的角度來做分析，具有親水與親油的特性，水溶液下呈現解離帶負電荷，歸類為陰離子型的界面活性劑。具有弱鹼性、去脂能力強、不耐硬水等特性。一般市面上又稱為「皂鹼」或「含皂的清潔產品」。最主要的功用在於清潔作用。並無任何具有療效等功能。

另外市面上另一類別：稱為「不含皂」，只是化學結構上與皂（脂肪酸金屬鹽）的結構不同而已。也是屬於界面活性劑的一種，一般常用陰離子、兩性、非離子型界面活性劑搭配或混合使用。其使用的酸鹼特性、去脂能力則是隨著使用不同種類界面活性劑有著不同之處，具有較多的變化。一般市面常出現弱酸性或溫和不刺激等宣稱之商品特色。

一、肥皂的來源有哪些 ？

一般肥皂較常製作有兩種合成方式：

（一）油脂 +3 鹼水→ 3 脂肪酸金屬鹽 + 甘油

指的是1莫耳的油脂與3莫耳的鹼水溶液反應，可以產生3莫耳的脂肪酸金屬鹽與1莫耳的甘油。此為酯類的水解反應，又稱皂化反應。我們來瞭解一下所表示的意義為何？

1. 油脂：大多為植物油脂或動物油脂為主，組成多為三酸甘油酯約95%以上，不皂化物約佔5%。而脂肪酸的碳數（C12 ~ C18）長短、飽和與不飽和(雙鍵與單鍵)其特性上皆不同，形成油脂的多樣性，屬於油脂特性的討論。

2. 鹼水溶液：大多選擇氫氧化鈉 （NaOH）或是氫氧化鉀 （KOH），與純水相互混合而成的鹼水溶液。其中需要注意有幾點：

(1) 溶解度：這個與在做皂時，時常有人問說可不可以加1倍的水就好，還是要更少或更多？這觀念通常與鹼的溶解度是有關係。 所謂溶解度的定義： 在定溫下，定量溶劑所能溶解溶質之最大量稱為溶解度。所以我們可以查出氫氧化鈉在水溶液的溶解度：111 g/100 ml（20°C）。氫氧化鉀在水溶液的溶解度：112g/100ml（20℃）。從數據中可以瞭解在溫度20℃下其比例大約為1：1.2左右。（溫度越高其溶解度會約大），因此如果要完全溶解下最好的添加水量大約為鹼量的1.2倍以上皆可。但水量的多少也會影響打皂過程的反應速度，須特別注意。

(2) 解離度（Dissociation）：化合物如鹽類等分解成較小的組成粒子、離子或自由基的過程稱為，解離在化學或生物化學上是個常見且重要的行為。然而氫氧化鈉與氫氧化鉀在水中皆可以完全解離，屬於強鹼。因此不必擔心已溶解的鹼無法解離出氫氧根離子與鈉離子或鉀離子。

(3) 皂化價：油脂的皂化值定義為使一克油脂完全皂化所需之氫氧化鉀（KOH）〔氫氧化鈉（NaOH）的皂化價是轉換來的〕毫克數（mg）。皂化價可以用來提供作皂時所需要鹼的重量的計算數值。此外，還可以作為油脂之平均分子量的參考。因此所使用的油脂不同，就有不同的油脂皂化價提供參考計算出所需要的鹼量。

一般來說皂化值越大，則其所含分子越多且分子量越小。故因此可由皂化值的測定，大約判定脂肪酸鏈的長度及其平均分子量。而油脂（三酸甘油脂）經水解（強鹼水溶液）後，會產生可以放出三莫耳脂肪酸，故需用三莫耳氫氧化鈉中和之。氫氧化鈉之用量與脂肪酸大小無關，油脂的皂化值與其組成脂肪酸的分子量成反比。

皂化值原本是做為判斷油脂種類的指標，皂化值越大，其所含的分子越多，而其分子量越小（短鏈脂肪酸）；相反的，皂化值越小，其所含的分子越少，而其分子量越大（長鏈脂肪酸），故由皂化值判定油脂種類。

因此，在以鹼水溶液的配置觀念下，只要達到該鹼的溶解度以上，幾乎可以達到

完全解離的效果。只是差別在於鹼水溶液濃度大小的問題。濃度越大其造成Trace的速度越快，反之亦然。

3. 甘油：學名為丙三醇，俗稱甘油。為一種無色、具有黏稠性和甜味的液體，其化學結構中具有三個極性的羥基，因此易與水產生氫鍵，具有優良的吸水性，可以當作保濕劑使用。甘油的存在讓人覺得具有保濕性，另外也有人常提出手工皂中是自然產生的甘油的成分，並非額外添加。讓甘油的存在似乎具有種優越感。您也許會想知道到底這次的配方下會產生多少比例的甘油，讓我們利用簡單的換算來計算出甘油的產量是多少？

例如：假設取100克的椰子油（鈉皂化價：0.184），到底可以產生多少克甘油（分子量=92）？我們可以利用簡單的化學計量的方式，100*0.184=18.4g的氫氧化鈉的重量。18.4/40（氫氧化鈉的分子量）=0.46mole。（0.46/3）*92=14.1g的甘油。

因此100克的油脂中以椰子油可以產生14.1g的甘油量。

（二）脂肪酸 + 鹼水溶液→脂肪酸金屬鹽 + 水

指的是1莫耳的脂肪酸與1莫耳的鹼水溶液反應，可以產生1莫耳的脂肪酸金屬鹽與1莫耳的甘油。此為酸與鹼的中和反應，反應快速。副產物為水。

此作法一般用在工業製造皂基、清潔產品上較多，一般手工皂的製程上並不會使用此方式。

參、瞭解皂化反應原理？

引用網站維基百科（https://zh.wikipedia.org/wiki/皂化反應）中所解釋的定義：「皂化反應：鹼（通常為強鹼）催化下的酯被水解，而生產出醇和羧酸鹽，尤指油脂的水解。」狹義的講，皂化反應僅限於油脂與氫氧化鈉或氫氧化鉀的水溶液均勻混合後，得到高級脂肪酸的鈉／鉀鹽和甘油的反應。這個反應是製造肥皂流程中的一步，因此而得名。

一般來說，皂化反應是一個簡單且容易進行的化學反應，不需要過多的實驗條件限制，原料的取得也相對容易許多。但實際上在執行時，卻遭遇到一些問題點，例如：假皂化、果凍現象、白粉、鬆糕、冒汗出水、油水分離等，另外也包含一般玩家很喜歡添加其他萃取物質、生鮮食材、乾燥後的花草樹木等添加物所衍生出更多的現象。因此我們先從整個皂化反應機制來介紹，希望能解決上述所發生的問題。

皂化反應機制，可以分為三個步驟：

第一步：酯與OH^-的加成反應。第二步：消除反應。第三步：酸鹼反應（不可逆反應）。

前面的第一及第二步驟是酯類的水解反應，反應速度是快速的。第三步驟也是皂化反應其反應速度是緩慢的。在此步驟中最常見的判斷方式就是皂液的黏稠度（稱為Trace）。其實Trace的濃稠，是乳化程度的表現。因為當酯類發生水解時，有部分的皂形成，皂屬於界面活性劑的一種。而在攪拌過程中油與水就會靠著部分的皂形成乳化，導致黏稠度持續增加。其所代表的意義便是當Trace的黏稠度高，乳化程度越高，皂化反應的速度會變快也較完全。相反的也有些皂液並無法達到Trace，其可能的原因（1）攪拌速度太慢或者程度不夠。（2）量錯鹼液的量。一般往往會發生在計算鹼液上的問題較多。（3）配方中軟油的量較多，需

要長時間的攪拌，因此誤認為是無法達到Trace。（4）環境溫度的影響，如果製皂的溫度較低，可能會延長Trace的時間。但此黏稠度也限制了許多技法的展現。

綜合整體皂化反應為放熱反應，溫度越高較容易進行皂化反應。這也是在不同的環境溫度下製皂，皂化反應時間會有些差異性。例如冬天製造時環境溫度較低，一般而言皂化反應速率會較緩慢，嚴重時會導致皂化不完全而鬆糕。因此提供熱量使皂化反應加速是必須的手段。此能量的提供方式有很多種，保溫也是其中的一項。

肆、影響皂化的原因：

我們從皂化反應機制中，瞭解到當鹼水與油脂混合時，皂化反應就已經開始進行，然而要如何能使皂化反應能更順利進行，我們列出下列幾點來討論：

（一）溫度：提高溫度有助於提高分子內碰撞的能力，增加皂化反應。

依據皂化反應是屬於放熱反應，提高溫度有助於反應速率的提高。因此當提高整體環境的溫度時，反應物中的油脂與鹼水內的分子的動能提高，增加了分子內碰撞的能力，相對的也提高反應的速率。但此皂化溫度在皂液倒入皂模時還持續的升高，整個皂體就會變成半透明狀態的果凍狀，如溫度過高整個皂體就會發生火山爆發（皂表面出現裂痕）。

（二）提高反應物濃度：皂化反應中反應物為油脂和鹼水溶液，油脂的量是無法提高。因此唯一的辦法便是提高鹼水溶液的濃度，一般以添加的水量或是所謂二次加水法。其中二次加水法主要的提高鹼的水合能力，使鹼的水解能力增加而增加皂化反應的進行。

（三）增加分子內碰撞機率：可以分為幾個項目來討論。

（1）以物理方式增加碰撞機會：藉由攪拌的方式來達到兩種不相容的油脂與鹼水的克服障礙，使水解反應順利進行。這時候有些人用徒手進行就會感到是否混合不均勻或者想要加快速度，因此才有人會利用電動的攪拌機來取代徒手方式。這時所考慮的因素在於攪拌速度快，會將油脂與鹼水溶液分子打散成較小的液滴，表面積越大其碰撞時接觸面積越大，越容易提升皂化反應而趨向反應完全。

（2）增加油水互溶性：由於油脂與鹼水溶液是屬於極性與非極性的特性，無法均勻的混合，除了上述利用攪拌的方式增加混合的機會，還可以加入另一物質提高油脂與鹼水溶液的互溶性，稱為共溶劑。常用的溶劑就是酒精，有時加入香精會加速皂化，這也是共溶劑的效應。

（3）組成的影響：油脂中脂肪酸的種類不同，就會影響到皂化反應的長短。一般是硬油反應快、軟油反應慢。

綜合以上簡單對於皂化反應的說明，當然因篇幅關係無法全部以文字上描述皂化反應與其產生之原因，還是請各位讀者能尋找一位自己所信任之專家或專業課程，以提供知識上的提升。相信大家能在基本的皂化理論基礎下，再行製作手工皂，一定會更能得心應手。

侯昊成

新北市手工藝職業工會手工皂講師
台北市藝術手工皂協會講師
新莊法鼓山社會大學手工皂講師
桃園社區大學手工皂講師
板橋龍山寺文化廣場手工皂講師
一樂手創工作室負責人
FB皂化反應社團社長
FB侯昊成的手作研究室

油脂理論

油脂在製作手工皂的過程中，是一項必備的主要材料。也因此，了解油脂的特性，是手工皂玩家們必須具備的基本知識。不同的油脂由不同的脂肪酸所構成，而不同的脂肪酸成皂後的特性也不太一樣，乾性肌膚該用什麼油？油性肌膚又該用什麼油？如果可以完全掌握各種油脂成皂後的特性，在手工皂製作上就能得心應手，也能降低製作時的失敗機率。

在製作手工皂時，我們必須要有一個正確的認知，雖然油脂中含有豐富的人體所需脂肪酸及多種維生素，但那是指把油脂吃進去後被腸胃所吸收了才能獲得，若只是單純的把油脂製成肥皂用於沐浴清潔，就算油脂中有再多的養分，也很難在短短的沐浴清潔時間被肌膚所吸收，更何況我們肌膚不是胃啊！也因此，千萬不要迷失於高價油品做出來的皂才是好的，更不要執著於油脂中的養分。

油脂理論對多數理化科系出身的人來說，算是一門相當基礎的學問，但是對於非本科系出身的人，光是看到分子結構圖可能就已經暈了。手工皂製作的門檻並不高，只要學會基礎材料的混合方式及操作方法，就算完全不懂化學的人，也可以輕易上手。在這本書中，我不談會令人有看沒有懂的高深理論，而是把理論與手工皂製作實務結合在一起，希望所有的皂友們都能輕易看懂，並能實際運用到實務上。

（一）油脂的構成與特性

油脂主要是由一個甘油（一個媽媽）和三個脂肪酸分子（三個小朋友）所組成的酯類有機化合物（和樂的單親家庭），又稱為三酸甘油酯。而甘油（媽媽）又稱丙三醇，為無色無味之濃稠液體，會吸收空氣中之水氣，也因此手工皂會因為空氣潮濕而產生皂體出水情況。至於脂肪酸，不同的油脂其脂肪酸構成也會不一樣。

舉例來說，椰子油主要的脂肪酸是月桂酸、肉豆蔻酸、棕櫚酸……等等，其中的月桂酸和肉豆蔻酸都屬於去汙力很好且較為刺激肌膚，所以乾性肌膚或敏感性肌膚就必須降低椰子油比例。另外，像是橄欖油的主要脂肪酸則是油酸，亞油酸等，而油酸和亞油酸的去汙力雖然也不錯，但卻不會像月桂酸、肉豆蔻酸那樣刺激肌膚，非常適合乾性肌膚的人使用。不過，有些人使用了高比例的橄欖油皂卻會引發過敏或產生肌膚不適現象，由於每個人的過敏原不太一樣，所以在編寫配方時，建議先了解自己對哪一種油會過敏，單一油品製作成皂來試洗，是一個很好的簡易測試方法。

在油脂領域中，有一個很常聽到的名詞，叫做碘價（碘值），所謂的碘價（碘值）是指一百克油脂所能吸收的碘的克數，這數據能作為油脂的穩定度參考。碘價60以下代表這油脂安定且耐高溫不易氧化，而碘價100以上則表示該油脂不飽和程度較大，在空氣中容易氧化腐敗。至於碘價和油脂成皂有什麼關聯呢？其實有一個很快速的分辨方法，那就是油脂的碘價越高其INS則越低，油脂成皂後遇水軟爛的速度會比較快，酸敗速度也會比較快。像是椰子油的碘價在10以下，其INS則是258，成皂後的皂體堅硬且不易酸敗。而葵花油的碘價在120以上，其INS63，故油脂成皂後遇水軟爛速度很快，且酸敗速度也快。不過，近年來市面上也出現部分改良過的油脂，像是強調高單元或高油酸的葵花油，紅花籽油等等。這些改良過的油脂由於多元不飽和脂肪酸的含量降低，做成肥皂後已經不會再像以前酸敗的那麼快。

油脂中的脂肪酸主要可分為兩大類，分別是飽和脂肪酸（碘價60以下）和不飽和脂肪酸，然而不飽和脂肪酸又分成單元不飽和脂肪酸（碘價60-100之間）和多元不飽和脂肪酸（碘價100以上）。

以下我把脂肪酸的特性以表格方式呈現，讓大家能夠容易看出各種脂肪酸的差異性。（★★★代表佳，★★代表尚可，★代表略差）

◎善用油脂特性，就不需要囤積一大堆油脂囉。

	冷水溶解性	耐硬水	起泡性	常溫去汙力
月桂酸	★★	★★★	★★★	★★
肉豆蔻酸	★★	★★★	★★★	★★
棕櫚酸	★	★	★	★
硬脂酸	★	★	★	★
油酸	★★★	★★★	★★★	★★★
棕櫚油酸	★★★	★★★	★★★	★★★
蓖麻酸	★★★	★★★	★★	★★★
亞油酸	★★★	★★★	★★★	★★★
亞麻酸	★★★	★★★	★★★	★★★

除了上述脂肪酸外，當然還有其他脂肪酸，只是在手工皂製作常用的油脂中，以上脂肪酸是比較常見且含量較高，其他含量極低的脂肪酸就暫不列入，像是辛酸、 癸酸……等等。

（二）油脂與手工皂間的關聯

既然油脂是製作手工皂的主要原料之一，那肥皂好洗與否？當然也會和油脂有關聯。其實正確的說法應該是說和脂肪酸有關聯。可是，對於多數的皂友們來說，要自行把油脂中的甘油和脂肪酸拆開來是有些難度，而且也沒有必要這麼做。手工皂中含有少量甘油時，在沐浴清潔使用時，可增加滑順感，降低肌膚摩擦不適感，但對於肥皂本身就不是很好囉，容易因為空氣潮濕而使甘油吸收過多的水氣，進而導致皂體軟爛並增加酸敗速度。所以，建議手工皂在晾皂熟成皂體乾燥後，進行包裝以隔絕氧氣和濕氣，延長保存期限。

上面已經提過不同的脂肪酸有不同的特性，所以在製作手工皂編寫配方時，必須先了解使用者的膚質狀況，居住地點，職業環境，過敏原……等等，依照這些條件下去挑選合適的油脂編寫成配方，才能做出適合使用的皂。

甚至需要深層清潔以減緩毛細孔油垢堵塞，這時我們就可以挑選清潔力、殺菌力較強的椰子油、紅棕櫚油……等等為主要油品，另外再搭配其他清爽型油脂，像是葡萄籽油或芥花油等，但要記住多元不飽和脂肪酸含量較高的油脂，在編寫配方時比例不宜過高，以免影響肥皂保存期限。

參考配方：

葡萄籽油10%

橄欖油35%

紅棕櫚油10%

棕櫚油20%

椰子油25%

添加物：備長炭 1%（吸油去角質）

香氛：茶樹1%+ 尤加利精油 1%（抗菌及收斂效果佳，尤加利的氣味強，肥皂持香度佳。）

一般來說，編寫配方時油脂的種類建議3-5種即可，油脂使用過多不見得會比較好用，而且如果肥皂不幸酸敗，也會因為油品太多而找不出到底是哪一種油出問題。如果依照肥皂的功效來說，其實只要用3種油就可以做出適合多數人使用的肥皂，那就是椰子油、棕櫚油、橄欖油。這三種油就能達到肥皂所需的溫和清潔，肥皂耐用穩定。可是通常只有比較專業級的手工皂販售商家會這樣固定油品以確保品質穩定，多數的手工皂玩家還是喜歡嘗試各種不同的油品，家裡囤積了無數的油品，甚至有些油買來後只開封用了一次，之後再也沒用過一直放到油脂酸敗後丟棄，實在可惜……

◎加了備長炭的皂，很適合夏天出油嚴重的肌膚使用。

◎運用黑色的備長炭，還能製作出很療癒的斑馬皂。

範例 2：

50歲女性，銀行高階主管，乾性肌膚，對橄欖油會過敏，喜愛玫瑰花香。

依據上述條件，可整理出熟齡乾性肌膚，空調的工作環境會讓肌膚更乾，故須補水補油，並且要避開橄欖油，肥皂要加入玫瑰香氛。甚至為了降低肥皂的刺激性，可試著減鹼或超脂3%-5%。

參考配方：

乳油木果脂10%

胡桃油30%

米糠油20%

棕櫚油25%

椰子油15%

超脂：乳油木果脂 3%

香氛：玫瑰精油 1%（玫瑰精油會加速，降低精油量可減緩加速情況。）

附註1、由於乳油木果脂皂化速度慢，即使一開始就放入一起攪拌也可以，等同減鹼。其他像是皂化速度更慢的荷荷芭油，也可以一開始就放入。

附註2、由於範例中主角對橄欖油會過敏，所以改用胡桃油取代橄欖油，胡桃油有高比例的棕櫚油酸性質更溫和，成皂後洗感也頗優。

附註3、多少的油要用多少的鹼下去反應成皂，這有一個固定公式，又稱為皂化價。若是油量多過原本所需的油量，成皂後會有多餘的油殘留在皂中，

好處是這多餘的油可消除部分的游離鹼，降低皂的刺激性，也能增加使用時的油潤感。缺點是，皂中殘留的油越多，肥皂的酸敗速度越快，故若要使用超脂或減鹼，儘可能挑選較穩定的油脂，像是精緻乳油木果脂，荷荷芭油，可可脂等等。

◎成分越簡單的皂，對肌膚越不容易造成傷害。

（三）善用脂肪酸的皂化速度

油脂中的脂肪酸構成元素，主要是碳、氫、氧，分子的骨架是由碳原子串連而成，碳元素以C為代表。而比較適合做為清潔用途的脂肪酸碳數是介於12-18個碳，碳數低於12以下則清潔力不佳，刺激性也較大，碳數高於18以上則不易皂化，且清潔力較差。是故手工皂常用的油脂碳數大都在12-18之間，一般來說，碳數少則皂化速度較越快，反之碳數多則皂化速度慢。舉例：椰子油的月桂酸12C，肉豆蔻酸14C；而橄

欖油的油酸18C，亞油酸18C，所以椰子油的皂化速度會比橄欖油快。在沒有特殊外力干擾的情況下，碳數少幾乎等於皂化速度快。那何謂特殊外力？像是醇類（酒類入皂），紫草浸泡油，會加速的精油或香精……等等。

範例 3：

1. 假設半夜1點失眠睡不著覺，想打鍋皂渡過漫漫長夜，配方編寫即可挑選高碳數的脂肪酸，像是橄欖油，榛果油，芥花油，葵花油……等等，把這些皂化速度較慢的油脂寫入配方中，打完皂剛好天亮可以去買早餐吃。（如果配方全部以軟油來編寫，肥皂遇水後軟爛速度會很快，所以還是搭配適量的硬油來維持肥皂的硬度）

2. 假設下午3點忽然手癢想打皂，但是4點必須出門接送小孩放學，配方編寫就要挑選碳數較少、皂化速度快的脂肪酸，或者運用會造成加速的油脂，像是米糠油／蓖麻油／未精緻油脂／紫草浸泡油等，肯定可以在四點前打完收工並及時接小孩去。

（四）降低多元不飽和脂肪酸含量高的油脂以降低酸敗機率

不同的油脂成皂後的洗感也會不同，有些人會特別喜歡固定使用某種油脂，如果這油的多元不飽和脂肪酸含量很高，成皂後酸敗速度就會很快。其實，還是有方法可以減緩其酸敗的速度。

方法 1、這些容易酸敗的油脂先單獨與鹼水混合攪拌，待皂液打至 Trace 時再放入其他油脂繼續打，只要先讓反應慢的油脂先跑，就不用擔心他們皂化的速度跟不上其他跑得快的油。

方法 2、配方中儘可能降低多元不飽和脂肪酸的比例，總含量建議在 5% 以內。

方法 3、肥皂製作完畢後，室內保持乾燥、低溫、通風的狀態，給予肥皂較好的晾皂環境。

方法 4、製作乳皂可減緩酸敗速度。

方法 5、熟成乾燥後馬上包裝，並儘快用掉。

千創　新視界────手工皂

◎乳類入皂被鹼所影響後，反而變得不容易壞掉，而且洗感頗優。

侯昊成

創意無限　渲染無界

　　玩肥皂是一件既快樂又有成就感的事情，在短短的七年手工皂教學生涯中，除了看到手工皂的演進，也看到了學員們的驚人創意，從一開始的素皂慢慢的演進成渲染皂、分層皂、蛋糕皂……直到最近很夯的韓式擠花等等，手工皂從原本的沐浴清潔用品昇華成極致的藝術品，這期間的驚人演化著實令人感到著迷與振奮，更期待以後還能演變到什麼程度。

　　我喜歡玩皂，但更喜歡看別人玩皂，所以我樂於從事手工皂教學並且沉迷其中，因為唯有在教學中我才能看到有別於自己的想法與創意，進而激發出更多的火花讓自己成長的更快。如果說，有什麼動力可以支撐我

繼續玩皂，我想……那應該就是看到大家美美的肥皂作品吧，一件好的作品總是可以激發無數人的熱情啊！

渲染工具

　　玩渲染皂時，繪製的工具挑選非常重要，有時只要挑對了工具，隨便畫畫都很美。但是若繪製工具挑選錯誤，就有可能畫不出想要的感覺。所以，平時有空時就試著把手邊能運用的工具都拿來試試畫畫看吧！若能熟悉各種工具的「筆觸」，將會有助於在渲染皂上的功力提升。

　　渲染繪製的工具並沒有特別任何要求，不過要考慮到皂液剛完成時，還是強鹼

狀態，繪製工具即使無法長時間耐強鹼，至少也必須確保在繪製的幾分鐘內，工具接觸皂液之時不會快速地產生化學變化釋放出不好的物質到皂液中。以這條件來說，其實能運用的工具還蠻多的，像是溫度計、竹籤、不鏽鋼筷子、叉子、木製排梳、刮刀……等等。甚至於不用任何工具，以轉模子的方法來造成皂液流動而產生自然的紋路，又或是將不同顏色的色液輪流隨意倒入，讓其自然混合……等等。工具可以是有形的，也可以是無形的。

◎不少日常用品都能拿來做為繪製的工具。

植物粉入皂的顏色

製作渲染皂時，大家比較常用的色粉像是植物粉、礦泥粉、珠光粉、皂用色粉、食用色素……等等。以上多數色粉本身是什麼顏色，入皂後也會呈現色粉本身的顏色，頂多因為皂液略為偏黃，而有些許色偏。但是植物粉就比較特別了，往往入皂後的顏色會因為鹼的影響而導致顏色完全不一樣。像是洛神花粉，本身是很美麗的紫紅色系，可是入皂後卻會變成綠色系。另外，一般艾草本身是綠色，入皂後也會變成棕色系，若從手工皂材料行購入的低溫艾草粉，則會維持原來的綠色系。也因此，玩渲染皂時若是想使用植物粉調色，必須先搞清楚什麼粉入皂後會變成什麼色，才不會調完顏色後才發現所有的顏色通通和預想中的不一樣。

以下我把比較常用的植物粉做成色表（色表請參考下一頁），以供大家參考。不過，在玩粉的同時也必須留意到一點，那就是皂液本身的顏色及植物粉的用量多寡，都有可能導致顏色產生些微色偏。故在編寫渲染皂配方時，盡可能避開容易偏黃、偏綠、偏棕的油脂，像是米糠油、蓖麻油、金黃荷荷芭油、未精緻酪梨油、未精緻苦茶油……等等。甚至可以利用各種油脂成皂後的顏色來加以運用，降低色粉用量，完成想要的渲染色系。

避免渲染皂產生失溫鬆糕的現象

玩過渲染皂的朋友們多數都有一個很不愉快的經驗，那就是……好不容易完成了一個驚為天人的作品，結果，保溫數天後打開模子一看……鬆糕了！心情馬上從天堂掉落地獄，沮喪到不行。由於，渲染繪製時的皂液不能太過濃稠，所以，有人就會選擇在皂液還很稀的情況下直接分杯調色，調完色又馬上入模繪製，然後進保溫箱，在這種情況下如果是在夏天，又或是配方中沒太多皂化速度特慢的軟油，或許可以逃過一劫。但若是配方中有很高比例的軟油，又或是攪拌不夠均勻，常常就會前功盡棄而獲得鬆糕一條。

其實，避開成為鬆糕的方法有很多種，而最根本的解決方法，就是從編寫配方著手，迴避皂化速度特慢的油脂或降低其比例。然而這需要對油脂有些基本的認識與了解，什麼油脂含有哪些脂肪酸？哪些脂肪酸皂化快？哪些脂肪酸皂化慢？……等等。且慢，不過是玩個

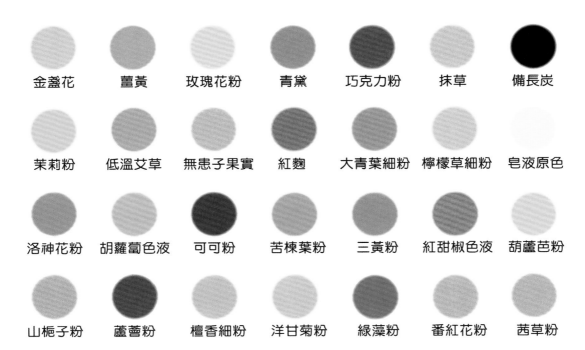

金盞花	薑黃	玫瑰花粉	青黛	巧克力粉	抹草	備長炭
茉莉粉	低溫艾草	無患子果實	紅麴	大青葉細粉	檸檬草細粉	皂液原色
洛神花粉	胡蘿蔔色液	可可粉	苦楝葉粉	三黃粉	紅甜椒色液	葫蘆芭粉
山梔子粉	蘆薈粉	檀香細粉	洋甘菊粉	綠藻粉	番紅花粉	茜草粉

◎常見的植物粉入皂後的顏色

渲染而已,有必要搞成像在讀研究所寫論文一樣嗎?哈⋯⋯如果這些脂肪酸特性會讓人頭暈,那就換個簡單又快速的方法吧,以乳取代水入皂幫助皂化反應,還能幫忙維持渲染後的顏色較不易褪色。

然而,若以全乳入皂必須保持相當低溫,以確保乳中的蛋白質不會因高溫變性而產生「異味」,這「異味」會有點像嬰兒吐奶的味道,非常不好聞。況且,全乳融鹼也相當耗費時間,在搭配冰塊降溫的情況下,氫氧化鈉融解的速度相當慢,光是融鹼可能就要耗費30分鐘以上。

既然如此,當然要使出大絕招囉!就是以總鹼量的1.5倍水下去融鹼,鹼水清澈後降溫到30度以下,然後再以總鹼量的0.7倍低溫乳(攝氏20度左右,不能結冰!)直接倒進油鍋中(油溫30度左右),接著馬上把鹼水也倒入油鍋中開始攪拌,如此可以避免乳直接進鹼水而迅速升溫,也可以避免乳後加而造成加速。

而乳的挑選可以選擇母乳、牛乳、羊乳或豆漿,手邊有什麼乳就添加什麼乳,只要是新鮮沒過期的皆可。少許的乳入皂可幫助皂化順利進行,玩渲染皂時攪拌到Light Trace即可安心分杯調色,再也不需要擔心是不是會發生鬆糕,即使製作一般素皂也可以使用這招喔!乳類入皂,除了能降低鬆糕機率,還能使肥皂在使用時產生滑順的洗感,是很好運用的素材之一。

以乳入皂須留意乳的來源及新鮮度,來源不明或有疑慮盡量不要使用,如果是已經過期或酸敗的乳也不可入皂,以免影響皂的穩定度。

◎若使用乳入皂,溫度必須比平常製皂時的溫度還要低。以單元一之配方為例,油溫控制在30度上下。

天馬行空玩渲染

單元1、線條自然流動之美──寬模

◎線條自然流動之美

配方：

總油量	800 克 (油溫 30 度左右)
油品：	椰子油 160 克、棕櫚油 200 克、橄欖油 280 克、紅花籽油 80 克、堅果油 80 克
鹼量：	112 克
水量：	168 克
低溫豆漿：	78 克
色粉：	珊瑚紅礦泥，備長炭、青黛、粉紅礦泥少許
香氛：	自選喜歡的不加速精油或香氛

操作步驟：

1. 將秤量好的鹼和水進行混合，等鹼水清澈後降溫至30度。

2. 將秤量好的油控溫到30度左右，注意油脂必須清澈，不能有任何結塊狀。

3. 將秤量好的低溫豆漿倒入油鍋中，並立即把已經降溫的鹼水也倒入油鍋中攪拌。

◎挑選合適的攪拌器可降低氣泡產生

4. 攪拌過程中可運用電動攪拌器幫忙縮短攪拌時間，電攪時間約30秒至一分鐘即可，切勿一口氣打到濃稠狀，後半段需運用刮刀慢慢攪拌順便消氣泡。

◎後半段利用刮刀慢慢攪拌消除氣泡

5. Light Trace時加入不加速的精油或香氛，攪拌均勻後即可分杯調色。

◎ Light Trace 時加精油並分杯調色

6. 先準備四個PP塑膠杯，個別倒入約50克皂液，再加入色粉，運用少許的皂液先將色粉打散溶解。

◎先用少許的皂液打散色粉

7. 有些礦泥粉有時會不太容易打散，此時可先進行過篩或者調色後再以篩網過濾皂液。

◎以篩網過濾皂液可濾除未攪散的色粉

8. 色粉完全打散均勻後再補足不夠的皂液，每杯重量120克。

◎每杯的皂液總量約 120 克

9. 剩餘未調色的原色皂液也倒入另外準備的PP塑膠杯中。

10. 準備寬型的模具，並且為了方便將皂液倒入模具內，所以另外再準備一塊PP板卡在模具的一邊。

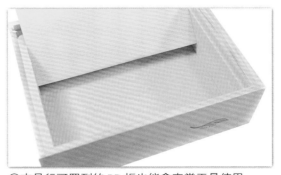

◎文具行可買到的 PP 板也能拿來當工具使用

11. 將原色皂液先倒入約100克到空的PP塑膠杯中，然後再倒入少許其他有色皂液。

◎有色皂液直線狀倒入，線頭統一朝杯口

12. 將混好多種顏色的皂液，從黃色斜板上左右來回倒入，讓皂液從斜板上慢慢流入模具內。杯內的皂液若倒完，則重新再裝一次原色皂液和有色皂液，並重複上述動作，把全部的皂液都倒完即可，然後取出黃色斜板，若模具內的皂液不平坦，可輕搖模具讓皂液流平。

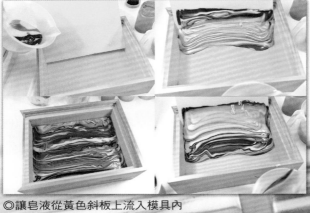

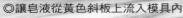
◎讓皂液從黃色斜板上流入模具內

13. 完成後的皂蓋上蓋子移入保溫箱中。由於豆漿份量不高，在秋冬涼爽季節仍需保溫，若是夏天氣溫超過30度以上可免保溫。

◎線條自然流動之美

14. 兩三天後即可脫模切皂囉。

◎線條自然流動之美

◎線條自然流動之美

配方：油品配方請參考單元1。或自行編寫。

色粉： 備長炭
香氛： 自選喜歡的不加速精油或香氛

操作步驟：

1. 前段操作步驟請參考單元1即可。

2. 皂液攪拌至Light Trace時加入不加速的精油或香氛，攪拌均勻後分出一杯150克皂液，加入備長炭粉調成黑色。

◎ 150 克皂液調成黑色

3. 另外準備一個PP塑膠杯，把鍋子內的原色皂液倒入杯內約100克，然後再加入少許的黑色皂液。黑色的皂液倒入方式可自由變化，直線倒入或點狀倒入或不規則倒入皆可，不同的倒入方式會產生不同線條變化。

◎黑色皂液倒入方式可自由變化

4. 準備長條窄的吐司模，並把吐司模一邊墊高，較低的這邊用PE膜包覆住，以免皂液倒入時流入木盒內（若無木盒則不需包覆PE膜）。

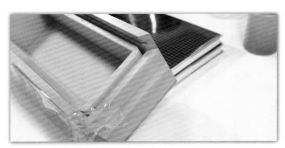

◎可用書本或筆記本墊高吐司模

5. 將準備好的黑白皂液，從模子側邊來回慢慢倒入模具內，務必讓皂液從模具側邊慢慢流入，不可心急倒太猛或量太多，黑白線條會嚴重變形。

◎每杯的皂液總量約120克

6. 當杯子內皂液倒完，則再補充黑白皂液，重複上述動作把全部皂液都倒完。

◎倒入皂液時，杯子移動的速度要平穩

7. 倒入皂液時，可試著偶而來個不規則來回或停頓或原點倒入，可讓線條產生更多變化。

◎倒入的方式稍微變化一下，線條也會跟著變

8. 完成後蓋上蓋子移入保溫箱中，兩三天後即可脫膜切皂。

◎純粹的黑與白所構成的線條也是很迷人的喔

9. 同樣一條皂使用不同的切法或者更改色粉顏色，都能產生出令人讚嘆的圖紋。

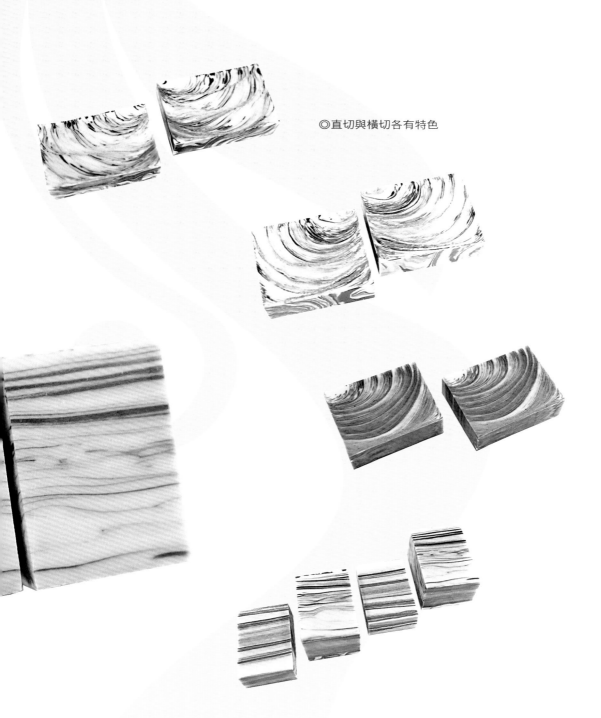

◎直切與橫切各有特色

單元 3、水果切片──圓孔模

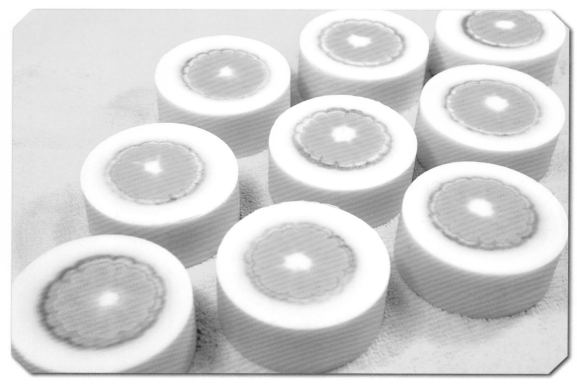

◎令人垂涎三尺的水果切片

配方：**油品配方請參考單元 1。或自行編寫。**

色粉： 綠藻粉、胡蘿蔔色液＋紅甜椒色液
香氛： 自選喜歡的不加速精油或香氛

操作步驟：

1. 前段操作步驟請參考單元1即可。

2. 皂液攪拌至Light Trace時，加入不加速的精油或香氛，攪拌均勻後分出三杯皂液，分別調成綠色，橘黃色，其中一杯保留原色，每杯的皂液量60克。

3. 把鍋子內的原色皂液倒入圓形模具內，皂液的高度約9分滿即可。

◎用綠藻粉調成綠色，胡蘿蔔色液+紅甜椒調成橘黃色

◎使用圓形的模具製作水果切片最適合了

4. 然後把綠色皂液分別倒入每個模具內，綠色圓形大小可參考圖片。

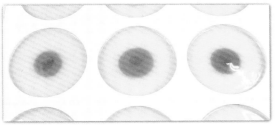

◎綠色皂液為水果皮部分

5. 再把原色皂液從綠色的圓心點倒入，圓形大小可參考圖片。

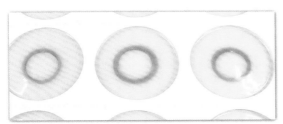

◎白色皂液為水果皮和果肉之間的部分

◎是不是看起來很好吃啊！

6. 接下來再把橘黃色皂液從白色的圓心點倒入，圓形大小可參考圖片。

◎橘黃色皂液為果肉的部分

7. 最後再把原色皂液從橘黃色的圓心點倒入，圓形大小可參考圖片。

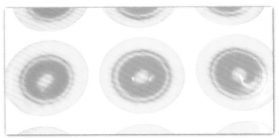

◎最內圈的原色皂液不要倒太大

8. 然後以竹籤拉線劃分果肉，竹籤每畫一次都需要擦乾淨再繼續畫，否則容易造成水果切片的顏色髒兮兮。

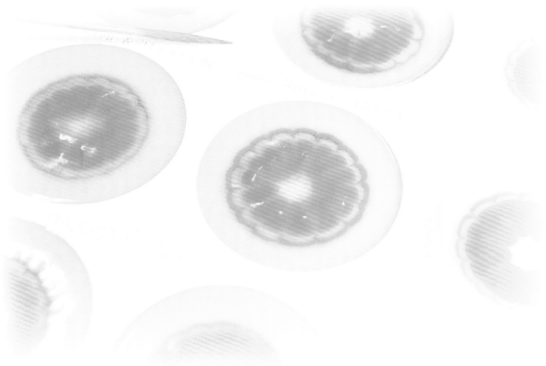

單元 4、孔雀渲染──寬模

◎由植物粉調色而成的孔雀羽毛，顯得相當的柔美。

配方：油品配方請參考單元 1。或自行編寫。

色粉： 大青葉粉、胡蘿蔔色液、紅甜椒色液、
　　　 蘆薈粉
香氛： 自選喜歡的不加速精油或香氛

◎大青葉粉、胡蘿蔔色液、紅甜椒色液、蘆薈粉

操作步驟：

1. 前段操作步驟請參考單元1即可。

2. 皂液攪拌至Light Trace時加入不加速的精油
   或香氛，攪拌均勻後分出四杯皂液，分別
   調成綠色、黃色、紅橘色、咖啡色，每杯
   的皂液量120克。

3. 將鍋子剩餘的原色皂液也裝入杯子內，並
   準備一個寬型模具。

◎所有的皂液都裝進杯子內才會比較好倒入模具

4. 依序把各色皂液以弓字型倒法輪流倒入模具內。

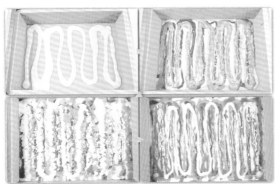

◎各色輪流倒的方法，可解決傳統渲染技法渲不到底部的問題

5. 以小隻的刮刀插入皂液，在倒好的直線皂液上畫弓字型。

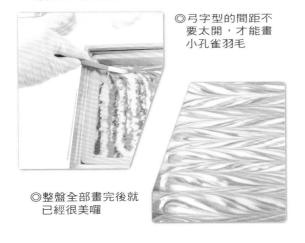

◎弓字型的間距不要太開，才能畫小孔雀羽毛

◎整盤全部畫完後就已經很美囉

6. 準備竹籤，在皂液上畫直線，直線間距約0.5-1cm之間。

◎直線間距越密，可畫出層次越豐富的羽毛

7. 再用竹籤在皂液上畫S型。如果想要大羽毛，則S就畫大一點，反之則小。

◎畫 S 型需要非常專心才行

8. 畫完一個正S後再畫一個反S，讓每條S和S之間的肚子都能碰到。

◎S和S之間的肚子若沒碰觸到，會不像孔雀羽毛喔

9. 完成後蓋上蓋子移入保溫箱中，兩三天後即可脫膜切皂。

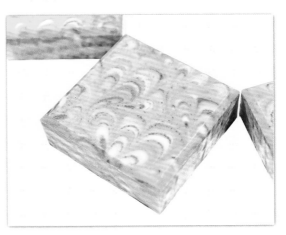

◎植物粉入皂後產生的暈染效果，有別於剛好畫完的樣子，也是很有風味啊！

單元 5、隨意渲染——寬模

◎對於喜歡自由創作的人來說，隨意渲染可天馬行空自由發揮。

配方：油品配方請參考單元 1。或自行編寫。

色粉： 可可粉、茜草粉、備長炭、珊瑚紅礦泥
香氛： 自選喜歡的不加速精油或香氛

操作步驟：

1. 前段操作步驟，請參考單元1即可。

2. 皂液攪拌至Light Trace時，加入不加速的精油或香氛，攪拌均勻後分出四杯皂液，分別調成咖啡色、淺紅色、深咖啡色（備長炭+可可粉）、暗紅色，每杯的皂液量80克。

3. 將鍋子內剩餘的皂液全部倒入模具中。

◎同色系的配色組合

◎必須等調色完畢才能將原色皂液倒入模具，否則已經Trace的皂液在靜置的情況下會很快凝結變硬。

4. 將不同顏色的皂液，以自己能想到的方法倒入模具中。不同的倒法也會決定最後成品的模樣。多試試不同的倒法，說不定會創造出屬於自己獨有的渲染風格。

◎點狀倒法、直線倒法、不規則倒法……等等都嘗試看看。

5. 皂液全部倒完後，準備叉子開始要天馬行空囉！

◎除了叉子外，像是湯匙、溫度計、排梳、刮刀……等等都能拿來畫。

6. 心隨意走，很隨意的自由創作。

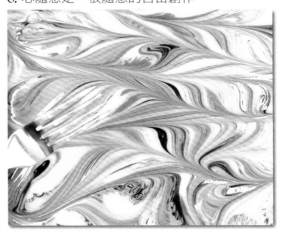

◎繪製時必須適可而止，千萬不要畫過頭，會整盤都糊掉。

7. 有時倒入皂液後可試著不畫，藉由皂液混色及自然的狀態，即可營造獨樹一格的紋路，最後切出來的成品也是頗有特色。

◎有沒有像七八十年代的流行的變形蟲紋路？

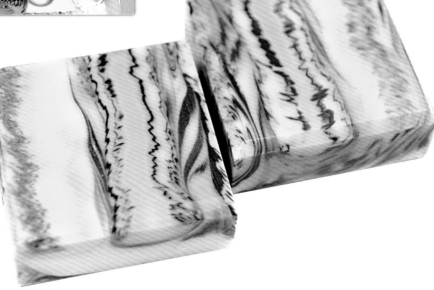

林麗娟

新北市保養品從業人員職業工會 理事長
新北市手工藝業職業工會 理事
新北市手工藝文創協會 秘書長
社團法人台灣手工藝文創協會 秘書長
新北市大安庇護農場 技術顧問

103年產業人才投資計畫 實用手工皂與保養品課程講師
104年中華民國職業工會全國聯合總會-模範勞工
104年提升勞工自主學習計畫 實用手工皂與保養品課程講師
104年提升勞工自主學習計畫 藝術手工皂課程講師
105年新北市產職業聯合總工會-模範勞工
105年提升勞工自主學習計畫 手工皂與保養品
實務課程講師

無痕漸層皂

一、配方

油品		比例	油重	皂化價	NaOH	INS	平均INS值
硬油	椰子油	25%	205	0.19	39	258	64.5
	棕櫚油	25%	205	0.141	28.9	145	36.3
軟油	橄欖油	30%	246	0.134	33	109	32.7
	甜杏仁油	15%	123	0.136	16.7	97	14.6
	蓖麻油	5%	41	0.1286	5.3	95	4.8
合計		100%	820		123		152.9

蓖麻油5%
甜杏仁油15%
橄欖油30%
棕櫚油25%
椰子油25%

總油量：820g
氫氧化鈉：123g
純水量 2.3 倍：283g
精油 2%：醒目薰衣草 16ml

椰子油　Coconut Oil

椰子油於攝氏20℃以下會呈現固狀。含飽和脂肪酸，能做出洗淨力強、質地硬、顏色雪白且泡沫多的手工皂。是手工皂不可缺少的油脂之一。

棕櫚油　Palm Oil

含有相當高的棕櫚酸及油酸。可使香皂增加硬度及其較不易溶化，讓皂更加紮實耐用，缺點則是不容易起泡，泡沫也不多。棕櫚油亦是手工皂必備的油脂之一，可做出對皮膚溫和、清潔力好又堅硬、厚實的香皂。

橄欖油　Olive Oil

可分為特級（Extra Virgin）、精製（Virgin）、純（Pure）。含有保濕、保護及治癒皮膚的功能，起泡度穩定、滋潤度高。

含有高比例油酸和豐富的維他命、礦物質、蛋白質，特別是天然角鯊烯。能促進皮膠原的增生，維護肌膚的緊緻與彈性。可以保濕並修護皮膚，製造出泡沫持久且如奶油般細緻的手工皂。由於深具滋潤性，也很適合用來製作乾性膚質適用的手工皂和嬰兒皂。

甜杏仁油 Sweet Almond Oil

由杏樹果實壓榨而來，富含礦物質、醣物和維生素及蛋白質，是一種質地輕柔，並具有高滲透性的天然保濕劑，對面皰、富貴手與敏感性肌膚具有保護作用，溫和又具有良好的親膚性，各種膚質都適用，能改善皮膚乾燥發癢現象，緩和酸痛，抗炎，質地輕柔滑潤，促進細胞更新。

甜杏仁油非常清爽，滋潤皮膚與軟化膚質功效良好，適合做全身按摩。且含有豐富營養素，可與任何植物油相互調和，是很好的基礎油。很適合乾性、皺紋、粉刺、面皰及容易過敏發癢的敏感性肌膚，質地溫和，連嬰兒肌膚都可使用。用甜杏仁油做出來的皂泡沫持久且保濕度效果非常好。

蓖麻油 Castor Oil

蓖麻油是一種很滋潤的油，對頭髮肌膚都有極優的柔軟效果，能製造泡沫多且有透明感的香皂。建議和椰子油一起搭配使用，起泡度高，很適合用來做洗髮皂。

三. 皂液量計算方式

長 × 寬 × 高 = 體積（總皂液量）
總皂液量 ÷ 1.5= 總油量（1.5 是固定倍數）
總油量 ×1.5= 總皂液量

例如：壓克力模

長 20 × 寬 8 × 高 8=1,280（總皂液量）

1,280（總皂液量）÷1.5（固定倍數）=853（總油量）

853（總油量）×1.5=1,280（總皂液量）

1,280（總皂液量）÷8（高）=160（每一公分皂液量）

1,280（總皂液量）÷10（層）
=128（每層皂液量）高 0.8 公分

四、顏色

紅色：紅礦泥、珠光粉
橙色：紅麴粉、胡蘿蔔液
黃色：薑黃粉、 金盞花粉、胡蘿蔔液
綠色：低溫艾草、蕁麻葉、明日葉、綠藻、
　　　（青黛 + 胡蘿蔔液）
藍色：青黛
紫色：珠光粉
棕色：可可粉、玫瑰果粉、紫檀粉
粉紅色：茜草根粉、粉紅礦泥 、珠光粉
白色：二氧化鈦、珠光粉
黑色：備長炭

五、操作

1. 操作前說明：

    a.圖片範例總皂液量1,200g，漸層分十層，每
      層120g。
    b.取十湯匙皂液（每匙皂液約10g重），漸層
      十層用。
    c.取一匙皂液調顏色，須調至飽和色為止。
    d.每一層主鍋皂液加一匙有色皂液來做深淺漸
      層。

2. 先準備好容器（土司模、壓克力模……等）

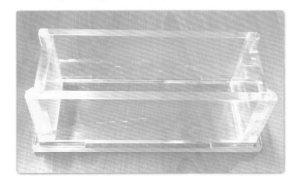

3. 氫氧化鈉慢慢倒入水中

4. 氫氧化鈉和水攪拌均勻

5. 油溫和鹼水溫度控制35°C~45°C間混合，
　　（冬天溫度可提高至45°C，天熱室溫也可）

6. 鹼水和油脂攪拌均勻

7. 攪拌均勻後就可慢慢加入精油

8. 油脂攪拌至 light Trace（輕度稠狀）

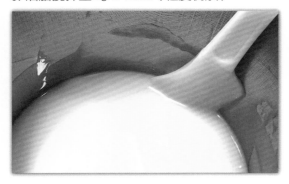

9. 漸層分十層，所以用湯匙取出十匙（一匙約十克）

10. 將湯匙舀十匙放入杯中（一匙約十克）

11. 再從杯內取一匙出來調色粉，調至顏色飽和

12. 將色液調入杯中皂液裏

13. 色液與皂液攪拌均勻

14. 第一匙有色皂液，舀出放入主鍋皂液中

15. 第一匙有色皂液與主鍋皂液攪拌均勻

16. 由主鍋皂液舀出120g皂液

17. 將120g皂液直接倒入壓克力模內為第一層即可

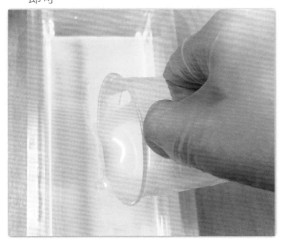

18. 第二匙有色皂液再舀入主鍋皂液中

19. 第二匙有色皂液和主鍋皂液攪拌均勻

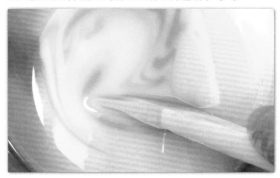

20. 秤出第二層120g

21. 皂液先沿著壓克力模邊先倒入

22. 皂液在像小水柱慢慢往前推倒

23. 皂液慢慢往前推倒舖平

24. 皂液舖完看有沒有平整，沒有就輕輕搖動一下就會平整了。

25. 第三匙有色皂液再舀入主鍋皂液中

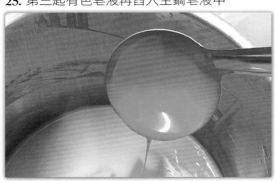

26. 第三匙有色皂液和主鍋皂液攪拌均勻

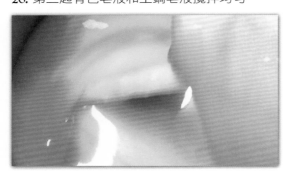

27. 秤出第三層120g皂液

28. 皂液要像小水柱慢慢往前推倒舖平

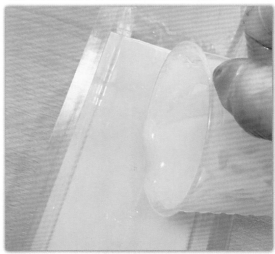

29. 第七匙皂液將有色皂液再舀入主鍋皂液中（四~七相同方式）

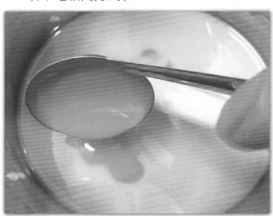

30. 第七匙皂液將有色皂液和主鍋皂液攪拌均勻（四~七相同方式）

31. 秤出第七層120g皂液（四~七相同方式）

32. 皂液要像小水柱慢慢往前推倒舖平

33. 如果不平可用小刮刀輕輕搖晃一下

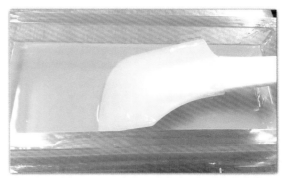

34. 第八匙皂液將有色皂液再舀入主鍋皂液中（Ps.8~10層有色皂液需看下一層顏色而做遞減）

35. 皂液要像小水柱慢慢往前推倒舖平

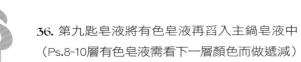

36. 第九匙皂液將有色皂液再舀入主鍋皂液中
（Ps.8~10層有色皂液需看下一層顏色而做遞減）

37. 皂液要像小水柱慢慢往前推倒舖平

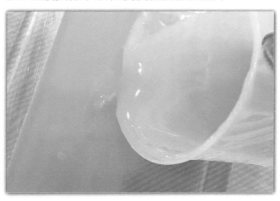

38. 第十匙有色皂液不要全下，要看第九層顏
色做比對，以免色差差太多。

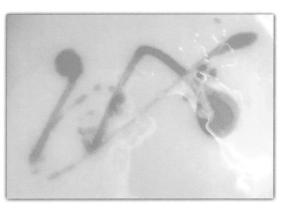

39. 皂液要像小水柱慢慢往前推倒舖平

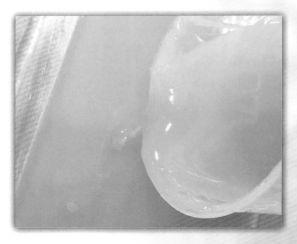

40. 皂液舖平

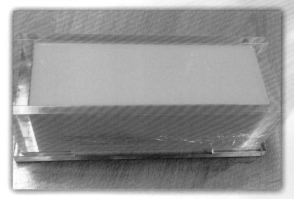

41. 完工~呼~休息一下~累了吧！~

鄭惠美

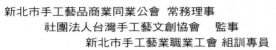

新北市手工藝品商業同業公會　常務理事

社團法人台灣手工藝文創協會　監事

新北市手工藝業職業工會　組訓專員

新北市保養品從業人員職業工會　組訓專員

提升勞工自主學習計畫　皮革工藝課程講師

提升勞工自主學習計畫　羊毛氈課程講師

手工藝工商協聯合會　手工皂師資班　講師

羊毛氈皂

歡樂羊毛氈皂

　　在這麼多元的玩皂方式中，如果想要兼具使用及觀賞趣味性持久一些，羊毛氈皂會是一個很棒的選項喔！

※ 羊毛氈的魅力如下：

1. 工具簡單~沒地點限制，不吵雜，隨心所欲，適合喜歡手作的朋友。

2. 值得推廣~絕佳的親子互動手作，沉澱心情的最佳玩伴，更是想像力奔馳的神奇空間。

3. 舒壓效果~技法單一，重複同一動作，就是戳、戳、戳，在整個戳刺圖案過程中，可以安定情緒，心情不好，也可拿來發洩情緒，相當具有療癒，舒壓效果佳。

4. 完成率高~製作時間短，容易完成。可簡約，也可細緻，可以視個人心情能力調整，只要碰觸到羊毛軟綿綿的溫和觸感，就會讓人有幸福的感覺。

※ 羊毛氈皂優點：

1. 增加起泡度

2. 增添清潔和沐浴的樂趣

3. 有去角質的功能

4. 延長手工皂使用時間

5. 衛生教育的最佳輔助工具

6. 皂體維持較長時間的玩賞性

7. 可以單塊皂客製化，提升價值

8. 色彩造型繽紛，可塑性高

9. 醜皂的救星，D.I.Y發揮創意

內容:

製造羊毛氈的基本概念

一、羊毛氈是甚麼？

　　羊毛氈是人類歷史記載中最古老的編織形式之一，是將綿羊的毛剪下後，洗淨，染色，烘乾，梳理製成的各色羊毛，利用羊毛遇水加壓後，羊毛會縮小氈化的原理，因為羊毛在高倍顯微鏡之下，可以看到無數的麟片組織，這些麟片在遇到鹼性洗劑會張開，在不斷的加壓搓揉後，其鉤狀物會緊密糾合，纏繞在一起而形成堅固的氈化物，完全無接縫一體成形，此現象稱為羊毛氈氈化。

二、羊毛氈化常用的作法？

1. 濕氈羊毛氈：透過溫熱鹼性洗劑搓揉氈化，適用片狀、袋狀、大型的物品。

2. 針氈羊毛氈：透過戳針糾結氈化塑形，適用裝飾圖案，立體造形的物品。

三、羊毛纖維特點的選擇？

◎長纖羊毛條：纖維長，毛細，柔軟適合用來濕氈氈化速度快。

◎短纖羊毛條：特徵蓬鬆柔軟，好撕又好捲，適合用來針氈製作小型作品。

四、製作羊毛氈皂須備？

1. 包覆皂體的濕氈：手工皂、羊毛、網布、盛水托盤、熱水盆、吸水毛巾、噴水器。

2. 裝飾圖案的針氈：羊毛氈專用戳針、各色羊毛、事先規劃好的圖案或版型。

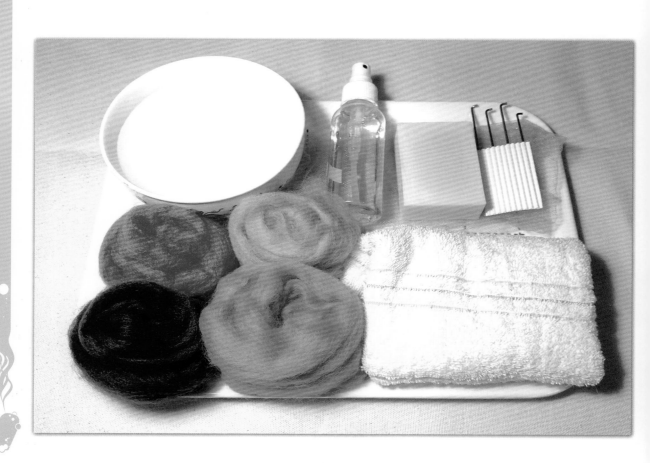

做法：

一、濕氈包覆法：

　　100克大小的手工皂約準備5克的羊毛，將羊毛整理呈長條片狀，橫向拿著，雙手輕輕抓著兩端，順著羊毛的纖維輕輕的拉開。

1. 將底色羊毛分為8份，長度約為可以包覆住手工皂的長度，將羊毛噴水至微濕。

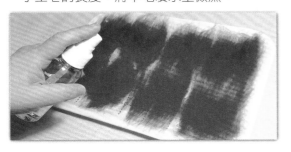

2. 手工皂沾濕。

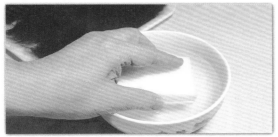

3. 將羊毛平整貼在皂上，採左右包覆。

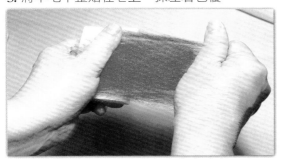

4. 重複交互橫向與縱向排列各2次。

5. 需注意邊角的包覆緊實平順。

6. 包上網布，浸泡熱水，讓羊毛充分泡濕。

7. 用雙手掌心施力搓揉羊毛皂，讓羊毛氈化緊縮。

8. 搓揉時，偶而要拿起網布再重新包覆，避免網布跟羊毛氈化在一起。

9. 待氈化至表面拉不起羊毛纖維就完成了，將羊毛氈皂沖水擦乾（或準備針氈圖案）。

10. 晾乾。

二、針氈圖案：

1. 塑型：

可以採直接塑型，或自製版型。

◎直接塑型

▼

◎自製版型

2. 針氈基本技法

A. 戳出細長的形狀

　　取一段少量羊毛，捲成細線狀，折起線的前端刺入固定，一手拉著羊毛線，一手以戳針戳刺，線條要乾淨俐落，必需用手搓緊線才行，如纖維突出於輪廓外時，用針將纖維往內塞，再戳刺定型。

B. 戳出圓點的形狀：

　　取少量羊毛，用指尖搓圓，將毛球置於定位上，從毛球的輪廓邊開始戳刺，往中間集中，輪廓戳刺完畢後，在垂直戳刺成平面點。

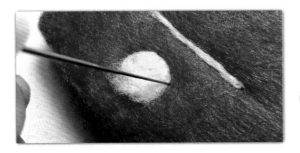

C. 戳出尖銳的形狀

　　將羊毛整理成細長狀，製作銳角部分，沿線戳刺定位，再取羊毛逐步填滿內部。

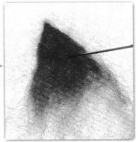

小技巧：

1. 戳針的用法
戳刺角度與拔針角度要一致，也就是直向戳刺～直向拔針，斜向戳刺～斜向拔針，千萬不可以彎斜挑針，戳針施力不當，針尖可能會折斷。

2. 下針的輕重
塑型用深針戳刺，表面修整用淺針戳刺，讓針孔不明顯。

3. 毛量的拿捏
寧可少，不要多，羊毛的特性可以一層一層覆蓋增加。

4. 怎樣狀態才算氈化完全？
觀察表面的纖維，若表面皆已針氈過，用手指輕抓表面拉不起羊毛的纖維即可。

千創 新視界——手工皂

謝沛錡

社團法人台灣手工藝文創協會 理事
手工藝(工、商、協)會 手工皂師資班講師
英國TAS芳療師協會證照
美國NAHA國家整體芳香療法協會證照
加拿大CFA聯邦芳療保健師協會證照
英國IFA芳療師協會證照

千創 新視界——手工皂

香氣的協奏舞曲

★手工皂香不香重要嗎？

一塊吸引目光的手工皂，第一是「外型、顏色、線條」，伸手拿起來的同時就是將手工皂靠近鼻子聞聞氣味，香的？沒味道？油耗味？

就算是強調無添加的手工皂，也會有屬於新鮮油脂和氫氧化鈉皂化後產生的淡淡油脂香氣（NaOH、油脂和純水是傳統冷製皂三種必要的成份），除非手工皂使用已經氧化的油脂或製造過程或保存過程不夠嚴謹，讓皂產生不好的油耗味以外，皂本身是會有天然香氣的！

一塊散發天然宜人香氣的手工皂還是讓人很喜歡的！

手工皂的香氣來自很多不同的添加物：

1. 天然精油（單方精油或複方精油）
2. 合成香精（這部分不討論）

3. 植物萃取液（酊劑或純露）
4. 乾燥植物粉末
5. 植物浸泡油
6. 花蠟

以上就是一般手工皂香氣來源的幾種添加物，當然還會有更多增加氣味的方法，就看自己想怎樣發揮創意囉！（比如：曾看有人添加香料咖哩來入皂的）

★香氣VS記憶

五感：眼、耳、鼻、舌、身

五覺：視覺、聽覺、嗅覺、味覺、觸覺

這五種感覺當中「嗅覺」是最早發展出來的，是大腦皮質最早形成的地方也稱為「古老腦」或「舊皮質」生理解剖學稱為「邊緣系統」負責管理我們的情緒、感知、記憶（喜、怒、哀、樂、恐懼、憤怒、性慾、幸福、孤獨、不安、信任……）。

45

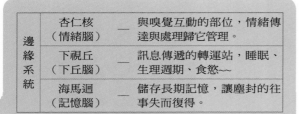

邊緣系統	杏仁核（情緒腦）	—	與嗅覺互動的部位，情緒傳達與處理歸它管理。
	下視丘（下丘腦）	—	訊息傳遞的轉運站，睡眠、生理週期、食慾～～
	海馬迴（記憶腦）	—	儲存長期記憶，讓塵封的往事失而復得。

氣味會伴隨著我們每次的呼吸進入鼻腔，鼻纖毛偵測訊息發出「電位訊號」給嗅小球，接到訊息的嗅小球趕快跑到大腦邊緣系統把訊息傳給下視丘，如果這時候還伴隨著身邊人事物的訊息同時發生，情緒、表情、記憶就同時啟動產生後續的行為了！

氣味有一種更甚於文字、表情、情感、或意志的說服力。我們無法逃避氣味，它就像一陣呼吸進入肺腔一樣進入、充滿、灌著我們。氣味的影響力沒有解藥。

國外知名作家徐四金的《香水》，描寫舉世無雙的迷人香水故事。

【明星花露水的香氣記憶】

住在美食滿街的台南，小時候最期待的就是星期六晚上，爸媽的「安平布莊」關門休息後，會帶我們4個小朋友去附近沙淘宮廟埕，廟埕有株大榕樹，在樹下的海產小吃攤吃宵夜，不管吃了多少魚蝦海鮮，當老闆最後端出「歐西某利」讓大家擦手時，我們都知道要回家了。

排行老么的我常會耍賴，還要吃一盤蝦子和炸豬排才肯回家，爸爸是家中的大老爺說一不二的威嚴，讓哥哥、姐姐很敬畏，只有我天不怕、地不怕敢「灰」他，每次爸爸和媽媽都會笑著罵我是貪吃鬼。

所以，花露水的香氣讓我有滿滿的幸福回憶，每當聞到花露水的當下，腦海會同時浮現小時候廟埕大榕樹下吃海鮮的全家福，爸媽對我們的慈愛歷歷在目，心中滿溢幸福的味道，嘴角也微微往上揚了呢！

嗅覺比其他感官更令人有想像空間，具有強烈的暗示聯想力量，在吸聞氣味的同時，回憶起塵封已久的往事，勾起當時深刻的情感來，令人十分難忘！

世界上沒有比氣味更容易記憶的事物，即使時間再久都不會忘記。

視覺和聽覺等感覺器官，看到、聽到事物後，往往隨著時間就慢慢淡忘了。

雖然我們的嗅覺可以達到非常精準的地步，但要向未曾聞過某種味道的人描述此種氣味，卻幾乎不可能，就好像沒吃過臭豆腐的人是無法理解那種「臭得很香」的感覺。

★香氣VS情緒

氣味對人的影響是全方位的，隨時隨地，無時無刻，甚至在不知不覺中受到影響而出現身心上的變化而不自知，其中最大的影響在於情緒和心情上面。

美國西北大學一項研究指出，初次見面人們的嗅覺猶如犬類一樣，無意識地捕捉和分析來自各方的各種最輕微的味道，這行為大比例決定了彼此的第一印象。

例如將參加實驗的人分成三組，分別在三個房間內，第一個房間散發出淡淡的檸檬氣息，第二個房間散發臭汗酸味，第三個房間沒有特別的氣味，過10分鐘後拿一張陌生男子的相片給三個房間的人看，隨後問他們對相片中的陌生人有甚麼看法？

結果是聞到淡淡檸檬氣息的人對陌生人的照片給予正面的好評，「看起來蠻開朗

的」、「蠻陽光的」；而聞到臭汗酸味那組看到相片中的陌生人，第一個反應是皺起眉頭發出厭惡的表情，對陌生人沒好印象；至於第三組對陌生人的照片就不會有太極端的反應了，所以說「美麗藏在觀看者的鼻子中」。

★為甚麼要用天然精油？

羅伯特‧滴莎蘭德（Robert Tisserand）在其著作《芳香療法的藝術》（The Art of Aromatherapy）裡面提到：

「為甚麼不是任何好聞的東西，管它天然或是人工合成？答案很簡單，合成或無機物質並不含任何『生命力』，他們毫無任何活力可言。每樣東西都是化學製，但是像精油這種有機物質，具有一種只有大自然才能組合在一起的構造。有機物質有種生命的力量、一種額外的推動力、只有在活生生的物體中才能發現。」

吸聞天然香氣，不僅僅是讓感官舒服而已，香氣透過空氣的散發，在向我們述說著從遠古以來的生命之旅。

精油是植物在大自然中進行光合作用後所得到的養份，進一步將這些養份轉化成芳香分子，儲存在植物不同部位的腺囊中。

有些儲存在根部、葉片、花瓣、樹皮、樹脂及果實的外皮中。

大多數的精油是無色的，僅少部份有顏色，例如有紅色〈如安息香〉、綠色〈如北印度岩蘭草〉、黃色〈如檸檬〉、藍色〈如德國洋甘菊〉；精油皆可溶於酒精、醇類及固定的油中，但是卻是不溶於水。

精油儲存在植物體內時，隨著時間、季節、產地，它的化學成份是不斷的在改變；所以在萃取精油時會考量季節時分、天候狀況，會在特定的時間點，擷取植物特定的部位進行萃取。

全球暖化、天災不斷，精油的品質及數量也將嚴重受到影響。

若選用萃取自植物，未經過加工的天然精油，透過正確的使用方法，並不會對身體造成負擔。

源自於大自然植物的精油，透過正確的使用方法，最慢48小時後人體會自然代謝；反之，若是人工香精（香氛），其化學分子無法被人體代謝，很容易殘留在體內，久之就會對身體產生傷害。使用精油可以讓我們流露出真實的感情，而不會陷溺在負面情緒中，精油能幫助控制情緒，釋放驅除憤怒和焦慮，建立自信、專注、快樂、激發創意！

精油依香氣特徵分類：

1. 柑桔類（檸檬、甜橙、葡萄柚、佛手柑）

2. 樹木類（松、杉木、柏木、花梨木、檀香）

3. 樹脂類（乳香、安息香、沒藥）

4. 香料類（薑、黑胡椒、丁香、肉桂）

5. 花朵類（玫瑰、茉莉、橙花、洋甘菊、依蘭）

6. 香草類（快樂鼠尾草、迷迭香、薄荷）

★【花蠟的製造過程】

花蠟來自於以溶劑萃取花朵時的副產物，擁有與原精雖不完全相同但相近的香氣。

細緻花朵類並不適合使用蒸餾法萃取精油，因為花香成分遇到高溫、高壓容易被破壞，這時候就會採用溶劑萃取法。

提煉1公斤花蠟，需要最少5萬-10萬朵以上的花苞，屬於提煉精油時產生的油蠟，

頭調：
單帖烯、
氧化物、醛

中調：
單帖醇、單帖酮、酯、
苯基酯、酚、醚、芳香醛

底調：
芳香酸、內酯、
倍半帖烯、倍半帖醇、倍半帖酮

以揮發性快慢建構的香氣層次

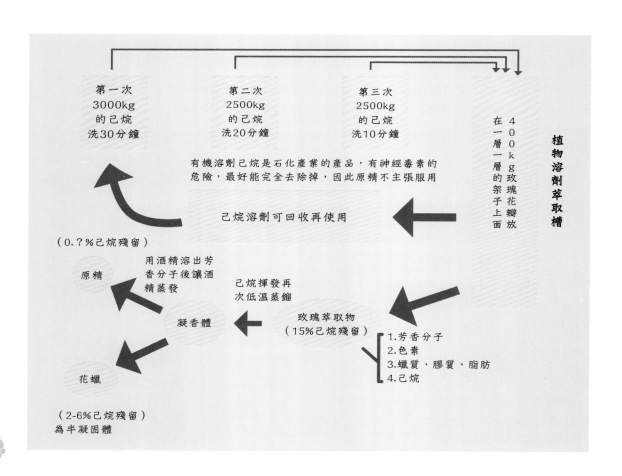

第一次
3000kg
的己烷
洗30分鐘

第二次
2500kg
的己烷
洗20分鐘

第三次
2500kg
的己烷
洗10分鐘

400kg玫瑰花瓣放在一層一層的架子上面

植物溶劑萃取槽

有機溶劑己烷是石化產業的產品，有神經毒素的危險，最好能完全去除掉，因此原精不主張服用

己烷溶劑可回收再使用

（0.？%己烷殘留）

原精

用酒精溶出芳香分子後讓酒精蒸發

己烷揮發再次低溫蒸餾

凝香體

玫瑰萃取物
（15%己烷殘留）

1.芳香分子
2.色素
3.蠟質、膠質、脂肪
4.己烷

花蠟

（2-6%己烷殘留）
為半凝固體

千創 新視界——手工皂

再經過分餾及純化而成，花蠟與精油的味道及療效都一樣，好處是不易揮發，味道相當持久。貴婦級原料，適合添加在護唇膏、乳霜、乳液、天然體香膏中，有天然的濃濃花香香氣，添加比例5%-20%，亦可添加入皂，用量是總油量的2%~5%，於light trace時添加（作為超脂使用，與要超脂的植物油加熱溶解後添加），（或是直接與高熔點植物油溶解後打皂），可讓手工皂的香味淡雅持久。

★春天的香氣—【甦醒】

好朋友季庭和先生羅老師在玉山塔塔加有一大片高山烏龍茶園，每年茶葉春冬產季常看到他們裡裡外外忙碌著，忙著採茶工人排班、曬茶、製茶、試茶、真空包茶、裝箱出貨……好多好煩瑣的事要忙，因為他們的茶葉品質很好，一直供不應求，經常要預約才買的到！

有一天季庭拿了一大袋東西給我，散發出一股很舒服的茶香，打開一看原來是茶末混雜著茶枝，她說很多茶廠會磨碎裝成茶包販賣，仍有經濟效益，但我們沒有打算這樣做，給你做手工皂用吧！

會做手工皂的人一定跟我一樣，拿來浸泡植物油！賓果！！就是浸泡植物油！

高山烏龍茶浸泡油製作方法

1. 把茶末和茶枝用電動攪拌機打成粗粉。
2. 取一個廣口玻璃瓶洗乾淨、噴酒精、晾乾備用。
3. 倒入２０％~３０％的高山烏龍茶粉（200g~300g）。
4. 秤取７０％~８０％的顏色較淺的植物油（700g~800g），高山烏龍茶末要完全泡到植物油。
5. 將廣口瓶蓋封好，避光置放於陰涼處（光線容易造成顏色變深變褐），間隔一段時間要搖一搖讓顏色釋出。
6. 3個月後顏色、香氣都溶解釋放出來後就可以使用了。
7. 取一個裝油的容器洗乾淨、噴酒精消毒、晾乾備用。
8. 取浸泡高山烏龍茶的植物油，用細目篩子過濾後靜置幾天，讓固體物質沉澱。
9. 倒入已消毒好的裝油容器內，栓緊蓋子置放於避光陰涼處，趁新鮮儘快使用完。
10. 每次開封倒出浸泡油後，要用乾淨的擦拭紙將殘留於瓶口的油擦掉，可以避免瓶口殘油氧化破壞品質。

★【春天的香氣】調香玩玩看

前調Ex：	a.	苦橙葉10% 甜馬鬱蘭15% 迷迭香15%
	b.	苦橙葉20% 甜馬鬱蘭10% 迷迭香10%
	c.	苦橙葉15% 甜馬鬱蘭20% 迷迭香5%
中調Ex：	a.	玫瑰天竺葵20% 快樂鼠尾草20% 杜松漿果10%
	b.	薰衣草20% 快樂鼠尾草20% 杜松漿果10%
	c.	薰衣草15% 玫瑰天竺葵15% 快樂鼠尾草10% 杜松漿果10%
後調Ex：		岩蘭草5% 古巴香脂5%

適合春天草香氣味的精油：

40%前調適合精油：苦橙葉、甜馬鬱蘭、迷迭香、百里香

50%中調適合精油：薰衣草、玫瑰天竺葵、快樂鼠尾草、杜松漿果

10%底調適合精油：岩蘭草、古巴香脂

前調：中調：底調＝ 4：（3：2）：1

調香練習

1. 從前調、中調精油找出其中兩種~三種喜歡的氣味

2. 試出自己喜歡的比例

   調好的複方精油要靜置於避光陰涼處7天以上（每天搖一搖瓶身讓精油更均勻）

3. 將10%~15%的複方精油調入85~90%的香水酒精中，置放15~30天後，即成個人專用的精油香水。

4. 複方精油可以加入手工皂中增加香氣，讓沐浴也是一種芳香療法。

3. 從底調開始調精油，接著中調，最後前調，每次開啟精油蓋使用完畢，一定要隨手將滴頭四周的殘油擦乾淨，這樣可以避免殘油和空氣接觸氧化，進而影響精油的品質。

4. 所有配方裡的精油都調配完畢後，輕輕地搖動燒杯，讓精油充分均勻混合，輕輕地吸聞剛調好的複方精油，若是氣味很不滿意，可以先從前調精油當中挑一支氣味清新的來做調整。

5. 將最後完成的複方精油倒入深色精油玻璃瓶中，置放於陰涼通風處，用7天以上的時間做聞香紀錄，了解香氣的變化。

6. 待香氣穩定後調入香水酒精，10~15%複方精油加入85~90%的香水酒精，裝入玻璃的香水瓶中，靜置15~30天後，即成為個人專用的精油香水！

★夏天的香氣─【祕密花園】

	檸檬	3滴
	佛手柑	5滴
前調：	迷迭香	3滴
	杜松漿果	2滴
	甜羅勒	1滴
	快樂鼠尾草	2滴
	真正薰衣草	3滴
中調：	玫瑰天竺葵	1滴
	千葉玫瑰	1滴
	大花茉莉	3滴
	伊蘭伊蘭	1滴
	橡樹苔	2滴
後調：	廣藿香	5滴
	零陵香豆	1滴

★秋天的香氣─【琥珀暗香】

	甜橙	2滴
前調：	佛手柑	3滴
	檸檬	3滴
	甜羅勒	1滴
	大花茉莉	4滴
	千葉玫瑰	2滴
中調：	玫瑰天竺葵	2滴
	快樂鼠尾草	2滴
	伊蘭伊蘭	5滴
	琥珀和弦	6滴
後調：	松樹	5滴
	檀香	3滴

1. 準備一個小容量的玻璃燒杯，洗乾淨噴酒精，晾乾備用。

2. 將調香配方的各種單方精油的深色玻璃精油瓶放在旁邊備用。

琥珀香Amber源自龍涎香Ambergris，龍涎香是動物來源的調香聖品，價格高昂又極為稀少，一般會以岩玫瑰4滴、安息香2

滴、香草2滴的組合代替，可事先調好一瓶備用，琥珀和弦可以單獨使用，也可以當複方調香的底調。

1. 準備一個小容量的玻璃燒杯，洗乾淨噴酒精，晾乾備用。

2. 將調香配方的各種單方精油的深色玻璃精油瓶放在旁邊備用。

3. 從底調開始調精油，接著中調最後前調，每次開啟精油蓋使用完畢一定要隨手將滴頭四周的殘油擦乾淨，這樣可以避免殘油和空氣接觸氧化，進而影響精油的品質。

4. 所有配方裡的精油都調配完畢後，輕輕地搖動燒杯讓精油充分均勻混合，輕輕地吸聞剛調好的複方精油，若是氣味很不滿意，可以先從前調精油當中挑一支氣味清新的來做調整。

5. 將最後完成的複方精油倒入深色精油玻璃瓶中，置放於陰涼通風處，用7天以上的時間做聞香紀錄，了解香氣的變化。

6. 待香氣穩定後調入香水酒精，10~15%複方精油加入85~90%的香水酒精，裝入玻璃的香水瓶中，靜置15~30天後，即成個人專用的精油香水！

★冬天的香氣─【 Arjumand Banu 】

前調：	甜橙	5滴
	佛手柑	4滴
	檸檬	3滴
	甜羅勒	1滴
中調：	薑	1滴
	黑胡椒	1滴
	丁香花苞	1滴
	千葉玫瑰	4滴
	波旁天竺葵	1滴
	伊蘭伊蘭	5滴
	大花茉莉	6滴
後調：	橡樹苔	4滴
	岩蘭草	5滴
	咖啡	1滴
	零陵香豆	2滴
	琥珀和弦	8滴

這裡的琥珀和弦，是以蘇合香2、安息香1、香草1的比例調和。

Arjumand Banu是印度經典愛情故事女主角泰姬，瑪哈爾出嫁前的名字，天真無邪的臉龐宛如含苞待放的花朵，內心充滿了思念的情愫和波濤洶湧的熱情，等待著~等待著~你一生的守護。

這支香調建議靜置的時間久一點，讓香氣更融合更順，調成精油香水或低濃度加入身體乳裡面，讓香氣從全身的每一個毛細孔淡淡地慢慢地釋放。

★手工皂（鈉皂）調香建議配方
（每個配方1ml／20滴）

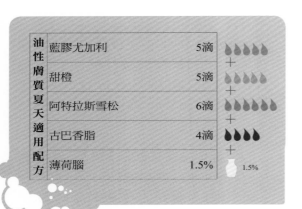

中性膚質適用	苦橙葉	6滴
	快樂鼠尾草	5滴
	薰衣草	6滴
	古巴香脂	3滴

中性偏乾膚質適用	薰衣草	4滴
	苦橙葉	3滴
	玫瑰草	2滴
	快樂鼠尾草	8滴
	乳香	1滴
	花梨木	2滴

油性膚質夏天適用配方	藍膠尤加利	5滴
	甜橙	5滴
	阿特拉斯雪松	6滴
	古巴香脂	4滴
	薄荷腦	1.5%

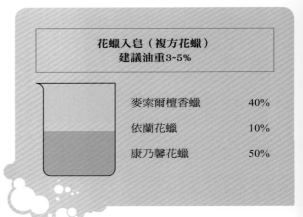

花蠟入皂（複方花蠟）建議油重3~5%	
麥索爾檀香蠟	40%
依蘭花蠟	10%
康乃馨花蠟	50%

中性偏油性膚質適用	胡椒薄荷	3滴
	檸檬香茅	7滴
	白馬鞭草	7滴
	廣霍香	3滴

謝沛錡

台南人，畢業於嘉藥藥學科
2008年疑似工作壓力過大造成認不得路的
「失智」症狀，離開業務單位後與先生兩個人
中老年創業，和先生兩個人參加外貿協會國際拓
展團，提著行李世界到處跑，一方面學習國際貿
易，一方面增廣見聞。2009年在北韓參展
時，同團有賣手工皂的公司，第一次聞
到使用到冷製手工皂就完全喜歡上了，
從此走上芳香療法和手工皂的不歸路，創立
「開心泡泡手作坊」，到現在已經7年了
熱度不減反增，喜歡創新和教學，
可以將正確的知識傳遞給更多的人！

晶透潤澤液體手工皂

★手工皂一定是塊狀的嗎？

製作手工皂的最基本的三個元素就是：油（脂肪酸）+鹼+純水=皂+甘油+不皂化物

| 鹼 | 氫氧化鈉 NaOH | — | 形成的結晶體緊實密度高，光線不易穿透，所以呈現不透明。 |
| | 氫氧化鉀 KOH | — | 軟肥皂，不易形成結晶，光線容易穿透，溶解度比鈉皂好，形成的液體是澄清的。 |

氫氧化鉀是一種強鹼，必須在水中解離才能和油脂（脂肪酸）產生皂化反應，形成脂肪酸鉀鹽（鉀皂）。

「溶鹼小叮嚀」

1. 溶解氫氧化鉀時會快速地放熱（升溫）甚至突然沸騰，要很小心操作，一定要戴口罩、手套和護目鏡，環境要通風。氫氧化鉀要分次慢慢（同時攪拌）加入純水中溶解。

2. 氫氧化鉀很容易接觸空氣而潮解，使用後要快速拴緊瓶蓋，並避免接觸到皮膚，裝氫氧化鉀的容器要存放在兒童拿不到的地方，瓶身要貼上警告標籤，萬一不小心接觸到身體，要立刻用大量的清水沖洗，若還有不適要儘快就醫。

【水】

以RO逆滲透水或純水為佳，尤其是台灣南部自來水礦物質含量高，水質偏硬，溶解氫氧化鉀時會有白色的物質浮在鹼水上面。

純露（萃取精油得到的蒸餾水）或煮過的中草藥水，也可以代替水來做皂。

【油脂】以製作液體手工皂常用油脂為主

1. **椰子油**—製作液體皂的重要油脂，洗淨力強、起泡力好、溶解度高。適合油性膚質和家事皂，建議量0~100%（KOH皂化價0.266）

2. **棕櫚核仁油**—起泡力好、洗淨力強，有椰子油的優點刺激性比椰子油少，可以代替椰子油，建議量0~30%。（KOH皂化價0.2184）

以上兩種油脂是硬油當中比較適合用來作鉀皂的，其他的硬油若拿來做鉀皂的話會影響成品的透明度和增加不皂化物的比例。

3. **橄欖油**—軟油當中對皮膚滲透力最好的就是橄欖油和蓖麻油，保濕性好，適合中性偏乾膚質，建議量0~100%（KOH皂化價0.18476）。

4. **甜杏仁油**—滲透力親膚性優，可以改善發癢乾燥肌膚，洗感溫和清爽適合嬰幼兒和熟齡肌膚使用，保濕性佳、泡沫細緻、建議0~100%（KOH皂化價0.1904）。

5. **蓖麻油**—適量可增加泡沫量，量太多反而降低泡沫量，吸濕性佳、軟化角質、適合髮皂和角質層厚的膚質，建議量10~30%。（KOH皂化價0.18）

6. **山茶花油**—深層調理滋養，修護和滋潤同時進行，抗菌保濕性佳，適合做洗髮皂，可同時調理頭皮去屑和抗頭皮癢，建議量10~30%。（KOH皂化價0.191）

7. **米糠油**—抗氧化作用強，可保濕質地溫和，適合嬰幼兒和熟齡肌膚使用。建議量10~30%（KOH皂化價0.1792）。

8. **酪梨油**—保濕效果好，適合中、乾、敏感膚質，建議量10~30%（KOH皂化價0.1875）。

9. **榛果油**—保濕效果好、清爽、收斂、減少粉刺生成、防曬，適合各種膚質，建議量0~100%（KOH皂化價0.1898）。

【溶皂添加物介紹】

植物甘油—甘油是皂化反應的天然副產品，也是一種天然的保濕劑，添加在液體皂中可以幫助皂液更加透明澄清，建議以總皂液量5%為限（個人經驗），添加太多反而會降低液體皂的起泡效果。

維他命B3—1.增加肌膚保濕功能，減少經皮水分流失，防止皮膚粗糙。2.促進真皮層中膠原蛋白及纖維母細胞生成，提供抗老功能。3.有效抑制黑色素轉移，促進皮膚美白。4.有抗組織胺效果、抑制皮脂腺酯質生成，能夠提供比抗生素更優異的抗痘效果，建議以總皂液量1~2%為限。

維他命B5—皮膚長效保濕劑，刺激纖維母細胞的增殖及組織重建，促進正常角質化作用，緩和及促進治療乾燥皮膚，並有助於傷口癒合，抗發炎作用，有利於曬後修護；用於頭髮護理：可滋養頭髮增加頭髮強度、減少分叉斷裂、防止頭髮過熱過乾所造成的傷害，建議以總皂液量1~2%為限。

精油—添加量為總皂液量1~2%

醇類抗菌劑—依個人需求自由添加。

純露（花水）—蒸餾萃取精油精油的副產品，有少量精油的香氣和水溶性有效物質，可代替水溶解皂坨調整皂液的酸鹼值，使皂液的洗感更溫和。

【工具介紹】

不鏽鋼深鍋、電子秤、電磁爐、電動攪拌器、攪拌器、電子溫槍或溫度計、湯匙、矽膠刮刀、大湯匙、量杯、塑膠手套、口罩、護目鏡、圍裙、保溫箱。

【液體手工皂製作】

1. 配方設計一依照使用者的膚質及需求（洗臉、洗髮、沐浴）來調配油脂的比例，計算出油脂量、氫氧化鉀量及水量。

   Ex：示範配方以總油量1000g為例（油脂的KOH皂化價以廠商提供的數據為準）

油脂品項	百分比	油脂重量	油脂KOH皂化價	KOH重量
椰子油	30%	300g	0.266	79.8g
甜杏仁油	20%	200g	0.1904	38.08g
蓖麻油	15%	150g	0.18	27g
橄欖油	20%	200g	0.1876	37.52g
米糠油	15%	150g	0.1792	26.88g
	100%	1000g		209.28g

椰子油 30%
甜杏仁油 20%
蓖麻油 15%
橄欖油 20%
米糠油 15%

一般市面上氫氧化鉀KOH的純度，大約在95.5%（看清楚買到的KOH標示純度），為了達到最佳的皂化反應務必將95.5%KOH不足4.5%的量補足。

209.28g／0.955＝219.14g

實際需要的KOH是219.14g

（小數點後四捨五入）

「KOH」補足100%的理由

a. 鹼量不足的情況下，皂化反應無法完全時，油鹼混合液體攪拌到濃稠的時間會延長。
b. 鹼量不足就是油脂量多了（形同超脂），溶皂後容易有浮油的現象發生，皂坨也比較容易氧化而產生油耗味。
   水量　KOH 219g* 3= 657g

2. 工具準備及安全防護（全程穿戴手套、口罩、護目鏡和圍裙，桌面舖上報紙。）

3. 精確秤量配方上的每一款油脂，在電磁爐上加熱至75度（油脂要完全溶解）。

4. 取兩個量杯分別秤量KOH和純水，將KOH分次慢慢倒入純水，使用長柄湯匙攪拌到鹼液澄清才是完全溶解（請務必在通風處溶KOH），必要時在量杯上加蓋子可避免產生的白色煙霧刺激呼吸道。

5. 量KOH溶液的溫度約70~80度左右，將鹼水緩緩倒入深鍋中同時不停地攪拌，電動攪拌機和攪拌器交替使用不停地攪拌約10分鐘左右，皂液慢慢從乳糜狀變成稠稠的濃湯狀，當皂液溫度突然升高且皂液突然變稀時，換成攪拌器快速攪拌到攪不動為止。

6. 將皂坨移至保溫箱（保麗龍箱）保溫直到室溫，將皂坨置放於通風處，直到皂坨呈現透明狀，以酚酞試劑測試沒有餘鹼就可以溶皂了。

7. 皂坨稀釋法
   皂坨：水相（水+添加物）=1：1
   　　　（比例可依個人需求做調整）
   皂坨500g ＋ 水相500g ＝ 1000g總皂液量

　　將皂坨撕小塊放入迷迭香純露，依序加入其他的添加物，完全溶解後過。

皂坨	50%	500g
植物甘油	3%	30g
維他命B5	2%	20g
何首烏萃取液	2%	20g
精油	1%	10g
抗菌劑	1%	10g
迷迭香純露	41%	410g
	100%	1000g

「不成坨、不透明怎麼辦？」

a. 檢視配方的計算和秤量是不是正確？ 將不成坨的皂液隔水加熱或用電磁爐加熱，同時要配合攪拌，讓皂化反應重新啟動。
b. 將不透明的皂坨（皂化不完全）隔水加熱或放入電鍋加熱（內鍋要封保鮮膜避免水蒸氣進去），加速皂坨完全皂化呈現透明。

【春沐】

油品建議配方比例	棕梠核仁油浸泡高山烏龍茶	40%
	紅花籽油	30%
	甜杏仁油	15%
	蓖麻油	15%

蓖麻油 15%
甜杏仁油 15%

紅花籽油 30%

棕梠核仁油浸泡
高山烏龍茶 40%

溶皂建議配方比例	皂坯	50%
	植物甘油	5%
	維他命B3	2%
	人參萃取液	2%
	雷公根萃取液	2%
	春沐複方精油	2%
	抗菌劑	1%
	檜木純露	36%

檜木純露 36%

抗菌劑 1%
春沐複方精油 2%
雷公根萃取液 2%
人參萃取液 2%
維他命B3 2%
植物甘油 5%

皂坯 50%

春沐複方精油配方	迷迭香精油	2滴
	白馬鞭草精油	2滴
	苦橙葉精油	3滴
	真正薰衣草精油	5滴
	甜羅勒精油	3滴
	玫瑰天竺葵精油	3滴
	古巴香脂精油	2滴

【夏嬉】

油品建議配方比例	椰子油	30%
	蓖麻油	20%
	橄欖油	20%
	酪梨油	15%
	米糠油	15%

米糠油 15%
酪梨油 15%
橄欖油 20%
蓖麻油 20%
椰子油 30%

溶皂建議配方比例	皂坨	50%
	植物甘油	5%
	維他命B3	3%
	人參萃取液	2%
	雷公根萃取液	2%
	夏嬉複方精油	2%
	抗菌劑	1%
	牛樟純露	35%

牛樟純露 35%
抗菌劑 1%
夏嬉複方精油 2%
雷公根萃取液 2%
人參萃取液 2%
維他命B3 3%
植物甘油 5%
皂坨 50%

夏嬉複方精油配方	甜橙精油	6滴
	葡萄柚精油	4滴
	玫瑰天竺葵精油	3滴
	胡椒薄荷精油	4滴
	阿米香樹精油	3滴

【秋瑟】

油品建議配方比例		
椰子油	30%	
橄欖油浸泡紫草根	10%	
米糠油浸泡紫草根	10%	
酪梨油浸泡紫草根	10%	
蓖麻油	25%	
紅花籽油	15%	

紅花籽油 15%

蓖麻油 25%

酪梨油浸泡紫草根 10%
米糠油浸泡紫草根 10%
橄欖油浸泡紫草根 10%

椰子油 30%

溶皂建議配方比例		
皂坨	50%	
植物甘油	5%	
維他命B3	2%	
維他命B5	3%	
桑白皮萃取液	2%	
雷公根萃取液	2%	
秋瑟複方精油	2%	
抗菌劑	1%	
薰衣草純露	33%	

薰衣草純露 33%

抗菌劑 1%
秋瑟複方精油 2%
雷公根萃取液 2%
桑白皮萃取液 2%
維他命B5 3%
維他命B3 2%
植物甘油 5%

皂坨 50%

秋瑟複方精油配方		
苦橙果精油	6滴	
真正薰衣草精油	5滴	
玫瑰草精油	3滴	
快樂鼠尾草精油	4滴	
廣藿香精油	2滴	

【冬陽】

油品建議配方比例	椰子油	30%
	橄欖油	20%
	米糠油浸泡板藍根	30%
	蓖麻油	20%

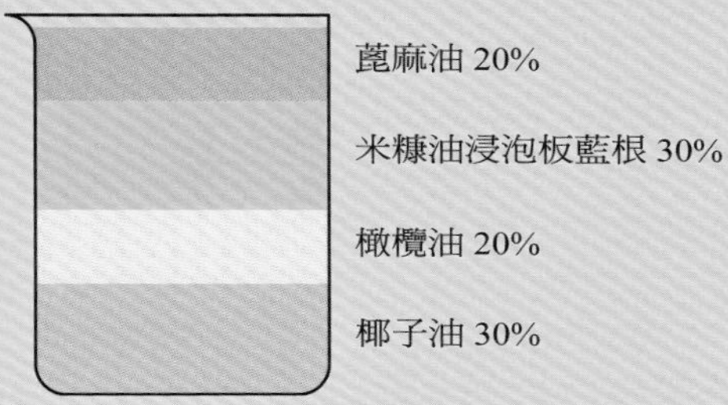

蓖麻油 20%

米糠油浸泡板藍根 30%

橄欖油 20%

椰子油 30%

溶皂建議配方比例	皂坨	50%
	植物甘油	5%
	維他命B5	3%
	雷公根萃取液	3%
	冬陽複方精油	2%
	抗菌劑	1%
	肉桂純露	15%
	純水	21%

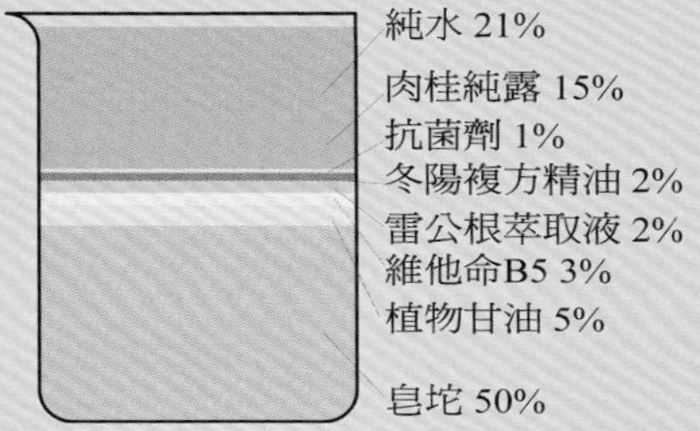

純水 21%

肉桂純露 15%
抗菌劑 1%
冬陽複方精油 2%
雷公根萃取液 2%
維他命B5 3%
植物甘油 5%

皂坨 50%

冬陽複方精油配方	甜橙精油	5滴
	日本柚子精油	4滴
	杜松漿果精油	3滴
	黑胡椒精油	2滴
	伊蘭伊蘭精油	3滴
	花梨木精油	2滴
	廣藿香精油	1滴

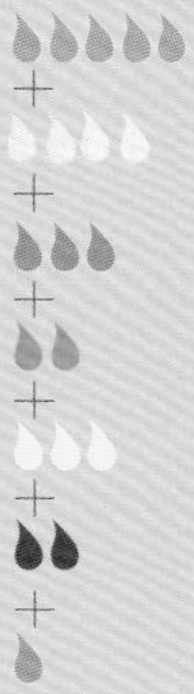

多想與你分享各種美好的事物
人生處處是風景
希望藉著現實世界的複製與貼上
將生命中最美好的事物保存下來

吳依萍(Shania)

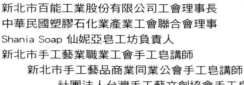

新北市百能工業股份有限公司工會理事長
中華民國塑膠石化業產業工會聯合會理事
Shania Soap 仙妮亞皂工坊負責人
新北市手工藝業職業工會手工皂講師
新北市手工藝品商業同業公會手工皂講師
社團法人台灣手工藝文創協會手工皂講師
新北市大安庇護農場手工皂講師

現實世界的複製與貼上

何謂翻模矽膠模？

翻模矽膠模泛指用翻模手法複製出來的矽膠模。是工業界製作原型，甚至成品時經常使用的材料。矽膠的特性流動性高，可翻製相當細緻的產品原型。實際的應用上，僅需注意以適當比例的主劑與硬化劑均勻混合便可。不需要相當專業的技術與器具便可製作，十分適合作為建立產品原型外觀、尺寸，甚至最終成品所使用的材料。

翻模模具：

翻模模具由**矽膠、母模、固定物、外模**所組成。

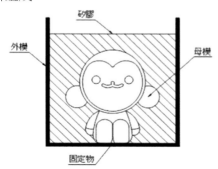

矽膠

市售的翻模矽膠購買主劑時，都需要一併購買其相對硬化劑。若硬化劑不敷使用購買時，務必使用原廠硬化劑以確保品質。每家矽膠廠商配方比例皆不相同，使用上需依照其規定的比例，將兩劑混合均勻，等待一段時間便可自然硬化定型。購買時需要注意其使用期限，過期可能會有顆粒物的產生或硬化而不能使用。

使用前請將久置的矽膠與硬化劑搖勻。盡量避免皮膚直接接觸，儘量在通風處操作。

母模

如果想擁有獨一無二、創造屬於自我風格的手工皂，首先必須要有母模，再以母模來翻製成矽膠模。母模可以是隨手可得的塑膠玩具公仔、自刻石膏、木模、手捏黏土、金屬、玻璃雕刻飾品、甚至新鮮蔬果。

環氧樹脂水晶膠	透明、外觀平滑美觀、硬度高、易保存、可作藝術品。	價格較貴、僅能單一次用、環氧樹脂放久易發黃。
原型模玩具公仔	取得容易、外觀多樣、造型討喜。	易有結合線、脫模不易。

或是手邊**只有一個想翻製的母模，要翻成一模多穴**，這時候就一定要先翻製母模。

當雕塑**原型母模已經不存在時**，即以手中現有的矽膠模先翻製，或灌注出一個**新的母模副件**，檢視修補至所需的細膩度，即是重新的建立一個母模，以它為量產基準，用以翻製一個或多個新模組。

母模材質選擇與優缺點比較：

母模材質	優點	缺點
石膏	比重較重、價格便宜、易修整、可創作、可保存、沒有收縮率。	易有氣孔、不可重製。
皂基	製作快速、可融化再製。	易卡泡、僅能單一次用、需加熱、有收縮率、易出水。
蜜蠟蜂蠟石蠟	製作快速、可融化再製。	比重輕，易浮模、易卡泡、需加熱、收縮率高、保存不易。
油土	可創作、易捏塑、可重複使用、沒有收縮率。	灌好的矽膠需再灌製其它材質母模，否則無法翻尺寸一樣的一模多穴、不易保存、易變形。

各種材質母模製作方式與注意事項：

石膏

調配比例依每家出廠不同，請依外包裝說明調配。請購買模型用較細緻的石膏，調配比例大致為～**石膏粉：水＝1：0.75**。水加越多，凝固的時間就需要越久。水量的比例越高，膨脹率越大，石膏幾乎可說是無膨脹率。

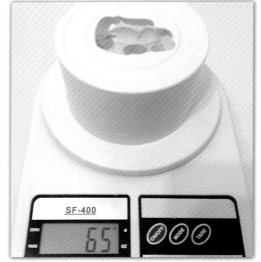

SF-400
65

安全用量計算方式：先以水裝滿欲測量的矽膠模後，取得水容量，再依測得的容量（g）乘以1.1，即為石膏粉的**安全用量**。例如：水測得模重65g，需調配石膏粉為：65g*1.1＝72g。意即：要翻一個65g的母模，預留損耗量，至少要調石膏粉72g才不會不夠用。

使用量計算方式＝石膏：水＝1：0.75＝72g：54g，意即：要翻一個65g的母模，應準備石膏72g與水54g。攪拌用水可用一般用水，室溫即可，水溫過高時，反而會延長凝固的時間。

石膏在未調色前是白色，可以在加石膏粉之前，在攪拌用水裡先加入水溶性的顏料調色。攪拌均勻之後，再倒入裝有石膏粉的容器與石膏粉混合。例如：廣告顏料或水彩、作皂色水、珠光粉、作皂色粉、礦泥粉，**植物粉會發霉不建議使用**。

水與石膏粉開始混合的時間至石膏凝固時間，**約12分鐘**，依各家廠商會有不同，必須掌握好操作的時間。每次攪拌一個模的使用量石膏泥，不要量不夠再緊急製作石膏泥，凝固時間不一致，導致有結合面的產生。也不要一次攪拌好幾個模的量，以免手忙腳亂來不及入模，致使在石膏泥凝固的時間內入不了模而浪費了石膏泥。水入石膏粉後先靜置，等容器內的石膏粉吸飽水之後再以同一方向攪拌，較不易產生太多氣泡。當石膏泥裡面的氣泡消除了，我們可以簡略分成三等份的量注入石膏泥，以求得細緻的成品。

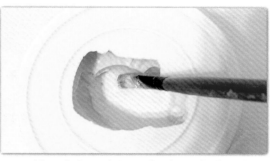

第一次入石膏泥：先用一部份的石膏泥**覆蓋造型模表面**，並用水彩筆在造型表面劃過，使氣泡浮出。

第二次入石膏泥：再把一部份石膏泥倒入，將矽膠模**平敲**，這時會有許多氣泡浮出，也可以再拿水彩筆將可能產生氣泡的溝與洞再畫兩下，氣泡會很快消失，以免固化後產生小缺角或空洞。

第三次入石膏泥：把剩餘的石膏液倒入模型，再**平敲**把氣泡敲出，或是用**牙籤**尖端刺破氣泡。將背面以**攪拌棒**或尺刮平即可，然後靜置待石膏模凝固就完成囉！

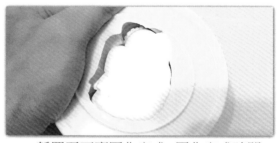

靜置至石膏固化完成，固化完成時間：**約30分鐘**，依各家廠商會有不同。當石膏模型表面濕度減少即可脫模，或是石膏凝固時會發熱，固化後的石膏模隨即降溫冷卻。把周圍的矽膠模剝開，再反扣過來，輕輕的倒在桌面上即可。

修模方式：剛完成的石膏模還有濕氣，表面有小坑洞時，以牙籤沾取少量石膏粉填補凹洞，再以手指輕輕抹平即可。已乾燥的石膏模，牙籤沾取少量石膏粉填入凹洞，沾少許水再以手指輕輕抹平，直到看不見凹洞為止。表面凸出的小顆粒，以牙籤的尖端將小顆粒慢慢剔除，或用手指輕輕抹平。表面不平整的紋路，以1200號砂紙慢慢研磨。底部孔洞或不平整，可用400號較粗的砂紙平放在平面修整，磨平石膏模底部即可。

器具清洗方式：水彩筆需先放置在水中攪拌一下，待石膏泥完全入完後，馬上拿去沖洗，以免石膏硬化後就無法沖洗，水彩筆也會很快損壞！剩下的石膏泥也可一起用大量水沖洗，以免造成水管堵塞，或者放置到硬化，可以很容易就剝落了。最好是直接以回收的環保紙碗、杯作為調製容器，就沒有清洗的麻煩。

石膏母模乾燥時間：脫膜後可將石膏放在報紙或紙張上，只要紙上不見水氣即表示已乾燥。脫膜後的石膏母模放置在乾燥通風處2至3天的時間，就會漸漸乾燥。烘熱的方式水分快速蒸發，易造成石膏模的龜裂、粉碎。

石膏模做好，約2至3天乾燥後視情況分次噴上亮光漆。石膏模噴上亮光漆後，

細小線條的部分比較不易因碰撞而斷落。噴過亮光漆的石膏模翻出來的矽膠模會比較光滑，作出來的皂也會比較光滑。也可不上亮光漆，可隨各人的喜好而定。

確定乾燥後，以泡棉或氣泡布包起來即可，外包裝上註明名稱，放置於通風乾燥處，平放勿堆疊。或是放在密閉保麗龍箱，箱內放入防潮劑保持乾燥。小心輕放、不要敲擊、碰撞、摔落，存放地點要避免潮濕。

石膏粉若沒用完，可灌作香磚，不要噴漆，因為當香磚是靠它的毛細孔，滴入精油，就可以小範圍有香氣，當香氣不足，再補精油即可。

皂基

先以水裝滿欲測量的矽膠模後，取得水容量，並依測得的容量（g），秤取皂基的量，各種皂基材料都可製作。

將透明或白色皂基切丁，越小溶解越快，置入不鏽鋼鍋中以隔水加熱法加熱溶解。若喜歡有顏色，也可以皂用色水調色。溫度高一些入模，流動性較好，可減少小空洞的形成。皂基入模後，等待溫度冷卻便凝固即可脫模。可修補小洞洞、修平底部。皂基會有出水的問題，故有保存不易的缺點。可於製作完成後立即包上PVC膠膜保存，放置於通風乾燥處，平放勿堆疊。或是放在密閉保麗龍箱，箱內放入防潮劑以保持乾燥。

小心輕放、不要敲擊、碰撞、摔落，存放地點要避免潮濕。若是不滿意脫模後的成品，**可融化再重新製作。**

工具的清洗：如一般矽膠模具的清洗。

蜜蠟、蜂蠟、石蠟

先以水裝滿欲測量的矽膠模後，取得水容量，並依測得的容量（g），秤取蜜蠟、蜂蠟、石蠟的量。

將蜜蠟、蜂蠟、石蠟切丁，越小溶解越快，置入不鏽鋼鍋中以隔水加熱法加熱溶解。加熱至融化即可倒入矽膠模中，溫度高一些入模，流動性較好，可減少小空洞的形成，但收縮率較大。蜜蠟、蜂蠟、石蠟入模後，等待溫度冷卻便凝固即可脫模。

可於製作完成後立即包上PVC膠膜保存，放置於通風乾燥處，平放勿堆疊。或是放在密閉保麗龍箱，箱內放入防潮劑保持乾燥。小心輕放、不要敲擊、碰撞、摔落，存放地點要避免潮濕。所有翻製母模的材質中，蜜蠟、蜂蠟、石蠟的縮小比例是最高的！蜜蠟、蜂蠟、石蠟所製作的母模無法整型，若是不滿意脫模後的成品，**可融化再重新製作。**

工具的清洗：工作結束後，將容器再隔水加熱，以廚房紙巾將容器內部擦拭乾淨，再趁熱洗淨即可，小心燙傷。

油土

最好發揮的個人創作藝術，每個人捏出來的感覺都不同。

到美術社購買油土，油土不會乾，有硬有軟依需求挑選。一般油土比較軟，但是比較沒辦法做很細緻的東西。若是你要做模型或做較細緻的作品，建議你買精雕油土或模型土。精雕油土很硬，所以建議在製作時，要用吹風機（熱風）吹它，它才會軟化好塑形。

油土捏好母模外型後，可以立即翻製矽膠模。翻好矽膠模後脫模，可以重複使用再捏其它造型。油土因為材質較軟，易變型，若要翻製一模一樣的成品，一定要用翻出來的矽膠模翻製其它材質的母模，才能有一樣的尺寸與造型。

環氧樹脂、水晶膠

一樣是有AB兩劑且需依照廠商規定之比例混合，環氧樹脂的硬化時間約為6~8小時；而水晶膠的硬化時間約為13~15小時。兩者皆具有高透明度，硬度也相對比其他材質翻製的母模高，容易保存，成本費用相對比較高！

使用上，均需注意AB膠的使用比例，務必精準，攪拌也務必均勻，以免因為比例不對、攪拌不均，造成無法硬化或達不到預期效果。

若是選擇環氧樹脂、水晶膠當母模材質時，請先把脫模後的環氧樹脂、水晶膠母模放置三天，然後上一層透明亮光漆。

原型模／玩具／公仔

任何隨手可得，你想翻製的公仔。

母模與外模固定物介紹

依不同母模材質與底部形狀挑選固定物，大致上有雙面膠、瞬間膠、保麗龍膠、熱熔膠、白膠、矽膠、用針從底部固定好。母模本身重量夠重、只要不浮模、不會隨意位移，也可以不必固定。

雙面膠

以雙面膠黏於物品底部，即可固定於容器底部，可運用於PVC母模、塑膠模等。

矽膠

先攪拌小量的矽膠加入雙倍的硬化劑，塗抹於底部，即可固定於容器底部，可運用於石膏母模、蜜蠟模等。

外模介紹

挑選適合大小的平底紙杯、紙碗、PVC圓盒、壓克力盒、珍珠板、透明膠片、積木組合、紙盒，最好是**能拆開**或是**能破壞**的都可以。外模各邊須比母模**多0.7~1公分**較適當，過薄易變形、破裂。過厚不好翻出

母模，也會造成矽膠浪費，故學會製作外模很重要。

外模 DIY

瓦楞板自製外模

作法如同自製吐司模、渲染模，將母模放置於中間，畫好母模最外側範圍上下左右間隙各留**1公分**，再加上**高度**的尺寸多留**1公分**，照著圖片所示，藍色虛線從背後輕輕用刀片劃出摺痕**勿割斷**，紫色實線用刀片直接割斷，再用長尾夾夾緊，或膠帶固定即可。

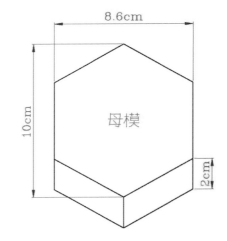

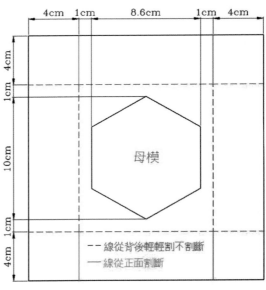

- - - 線從背後輕輕割不割斷
—— 線從正面割斷

66

圓形翻模底座矽膠模 DIY

取一個現有的圓形矽膠模底部翻過來當底座，用保鮮膜將底部鋪上一層，用膠帶黏好，否則會咬模。剪裁大小適中的投影片，在圓形矽膠模底座圈上一圈，用膠帶沿著外徑固定好，即完成矽膠的圓形外模。

圓形翻模底座石膏模 DIY

作法同上，只是將圓形矽膠底座改為石膏模底座，可以拿平常圓柱形容器灌注一定厚度的石膏圓形底座備用。平常灌石膏母模時，有剩餘石膏液就可以倒入圓柱形容器，等高度到了就可以使用。

紙板、紙盒當外模 DIY

用隨手可得適合大小的紙板當外模，底部若是桌面應隔著保鮮膜，道理如同圓形翻模底座矽膠模，底部用黏土固定。此款適合母模較大。若紙盒有平底則無需桌面。

積木組合外模 DIY

市售的組合積木若善用，也可以組合出大小適合的外模，材質與可變化性、可拆卸性相當適合當外模。

壓克力外模 DIY

若想翻製較大的成品，例如：吐司模、渲染盤，可用作皂用的壓克力模，或是量好尺寸購買材料，依照所需尺寸自己黏合或固定，內側須加上投影片方便脫模。

翻模步驟

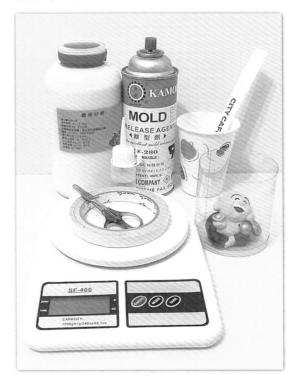

噴上離型劑

　　視情況將母模噴上薄薄的離型劑。常會拿來翻模的物品，例如：玻璃品、琉璃品、自己捏製的陶土或黏土製品、木雕刻、石膏品、塑膠品、新鮮食品，尤其是玻璃品、琉璃品，一定要噴上離型劑或塗上凡士林可防止咬模。

挑選適當外模，固定母模

　　將母模置於容器底部，母模底部可稍作固定，較不易浮模。

　　我們在挑選作為注入翻模矽膠淹沒所需的容器時，要注意容器的大小必須能使欲翻製物品完全淹沒。

　　容器外型規則形狀以**長方體**等較為適當，因翻模矽膠硬化後，仍是具有彈性的軟性物質，選擇容器時最好預留一定的空間，使翻模矽膠外模有一定的厚度，比較不會造成外模的變形。

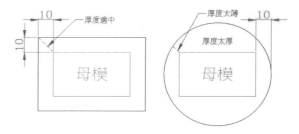

準備矽膠

　　一定要使用精準的電子秤。準備可拋棄式的容器與工具，建議使用紙杯及攪拌棒。依廠商規定之比例，精確秤取主劑、硬化劑於同一容器中，矽膠與硬化劑使用前請務必充分搖勻。

攪拌均勻

　　攪拌約30秒~1分鐘，攪拌均勻後會變成較濃稠的狀態，必須注意容器邊緣之膠液應多刮幾次，以確保攪拌之完全。攪拌不均會造成無法完全硬化。翻模矽膠硬化劑加入不足，則矽膠不易硬化，模具會成黏稠的異狀，無法成形；加入過多則會硬化過快，矽膠未流至定位即以硬化，會與欲翻模原型間留下一個空洞，接著所欲翻模的物品會有突

起物；翻模矽膠的比例須依所選定的矽膠而定，通常會標示於矽膠包裝上。

矽膠用量計算

假設外模為長方體，長方體體積為：**長 * 寬 * 高**。

假設母模為圓柱體，圓柱體體積為：**半徑 * 半徑 *3.14* 高**。

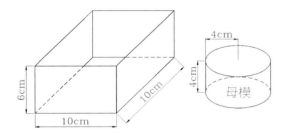

圓柱體高度為4公分，翻模時母模相對於頂部厚度約1公分，矽膠灌大約5公分，外模預留相對於矽膠頂部1公分，以防溢出。長方體外模灌注矽膠體積為：10公分*10公分*5公分＝500立方公分。圓柱體體積為：4公分*4公分*3.14*4公分＝200.96立方公分。

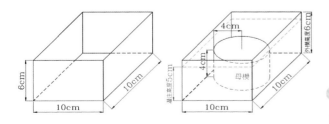

兩模相減體積為：500-200=300立方公分。

假設矽膠密度為：1.6，則所需矽膠量為：體積300*密度1.6＝重量480g。

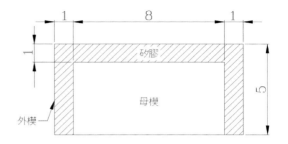

不規則形狀用矽膠密度測試：

例題：取一個小紙杯灌滿水，看體積有多少？經歸零秤重得 150 g，判斷小紙杯體積 =150cc。小紙杯擦乾，倒入矽膠（硬化劑量太少假設不存在），先經歸零後秤重 200 g。求解：矽膠密度有多少？（密度＝重量除以體積）

已知：重量 200 g、體積 =150cc，矽膠 =200／150=1.33。水的密度＝ 1。矽膠比重 =1.33／1=1.33。

答：以後算出每 1cc 需要 1.33 倍的矽膠。每一家矽膠供應商都會提供各種資訊給消費者。

例題：已知外模體積 300cc、母模體積 150cc、矽膠比重 1.5，求解：需要多少 g 重的矽膠？

答：外模 300cc- 母模 150cc= 剩餘體積 150cc 需要 150cc* 矽膠比重 1.5=255g 重的矽膠。

例題：已知圓柱型外模直徑 8 公分、高度要灌 4 公分，母模體積 100cc、矽膠比重 1.5，求解：需要多少 g 重的矽膠？

答：圓柱型外模 4*4*3.14*4=200.96cc、母模 100cc
剩餘體積 =200cc-100cc=100cc
需要 100cc* 矽膠比重 1.5=150g 重的矽膠

調色

先量好矽膠的量，主劑與硬化劑未混合之前，在主劑加入**油性色膏**或**色粉**，兩物均勻混合攪拌，讓它混合均勻到喜歡的顏色就可以。

灌注矽膠

均勻攪拌後的矽膠，矽膠液要拉高約**30公分**，以淋模方式輕倒入裝有母模的容器內，這樣高度的矽膠衝擊力大，可以衝進較細緻的凹洞。較大的母模不需要一次倒滿，可分**3次**倒入矽膠。若母模較輕或底部沒有固定，為了**防止浮模**，第一次倒入矽膠可先倒入**薄薄一層矽膠蓋住整個比較複雜的紋路**，並且**蓋住母模黏在外模**，等稍乾之後，再分次灌滿其它矽膠。

等到第一次倒入的矽膠稍乾、母模也不浮模時，再繼續秤量第二次倒入矽膠的量與硬化劑攪拌均勻後，倒入外模，等稍乾之後，再灌滿其它矽膠。

等到第二次倒入的矽膠稍乾時，再繼續秤量第三次倒入矽膠的量與硬化劑攪拌均勻後，倒入外模，最後一次倒入矽膠應注意頂部離母模至少要有0.7~1公分。可以**牙籤**將小氣泡戳破，或靜置讓其自然破泡，以增加矽膠模的美觀與完整性。每一次倒矽膠可間隔**15至20分鐘**，讓矽膠可自動破泡，成品會更美。

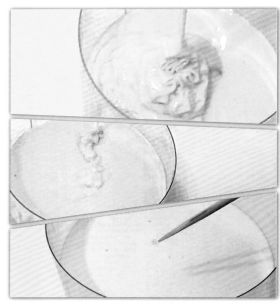

矽膠調配攪拌與灌注的過程中，均容易摻雜空氣在矽膠內，因矽膠為膠狀物，氣泡無法很順利排出，可以以外力略微拍打或輕敲容器幫助氣泡排出，或將容器密閉以吸塵器抽氣加速氣泡上浮，工業上多以真空方式排出氣泡，維持矽膠模質地的細緻。

若要作矽膠**分層**，請計算分成**幾等份**的劑量，一次調一層就好，秤量好**主劑**就要加入油性色膏或色粉調色，再與硬化劑混合攪拌均勻入模。等上一層已經硬化，才可以倒入下一層。

若要作矽膠**渲染**，請計算分成**幾色**的劑量，一次將要的色與份量調好，每一色秤量好**主劑**就要加入油性色膏或色粉調色，再

各自與硬化劑混合攪拌，如同做手工皂渲染一樣，倒入顏色用攪拌棒作渲染拉花。

靜置

注意操作時間，以及母模的穩固性，倒滿平整後至少超過母模0.7~1公分，就可以靜置，等待矽膠硬化反應。

廢棄矽膠的回收利用

若你想要**節省矽膠**或是操作到一半矽膠**不夠**時，可以將廢棄或損壞的矽膠模，剪成**圓錐**或**三角形**，放置於容器內，**盡量底部朝下，錐形朝上**，以免母模氣泡上升被堵住，無法浮上導致氣泡的形成。注意不要靠近母模，廢棄矽膠不可超出總矽膠量的**1／2**。

脫模

經過16~22小時就可以脫模，脫模時間依每家矽膠不同，請參閱說明。將外模拆開或是割開，即可將矽膠模與外模分開，輕輕撥開矽膠模，即可取出母模。脫模後的矽膠原型，請等待**24小時**的矽膠養成時間，讓矽膠成熟、定型才可以使用。

修模

脫模24小時後，以小剪刀修整模型的邊緣。

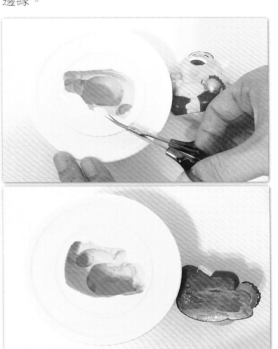

矽膠模使用及保養

新的矽膠模使用前，可以先用家事皂清洗、晾乾或以沸水煮過、清潔、晾乾，以水煮過矽膠模可讓矽油釋放出來。使用後，請清潔矽膠模，勿傷及表面並且晾乾。由於矽膠容易招染灰塵、毛屑，故請收藏於盒內，置於陰涼處即可。製作失敗的矽膠模取出母模時，若因硬化劑不足導致矽膠模無法成型，此時取出母模時會沾黏矽膠無法清除，可使用沙拉油或植物油清潔，便可輕鬆清除黏在母模上的未硬化矽膠。

矽膠切開方法

若翻製的母模為立體造型模時，由於矽膠為軟材質，具有拉伸性質，只要脫模時，不至於破壞矽膠模，可以不用切開。若翻製的立體模**出口比身體小、造型太過複**

雜，就需要將矽膠模切一刀至兩刀，以方便脫模，此時需考慮**分模線**。

如母模呈一簡單錐形，可以輕易從鑄造口中取出者，直接取出即可，但若物體過大或形狀不規則，而無法直接取出者，則必須先將矽膠模切割開，切割時採用**不規則的鋸齒狀**切割方式切割矽膠模，以確保切割分離後的矽膠模能以相同位置吻合對位，**注意切割處宜從非關鍵面下手，以免破壞母模留下疤痕。**

分模線

進行灌注使用的模具，大多由幾部分拼接而成，而接縫處的位置不可能做到絕對的平滑，會有細小的縫隙，在灌注的配件產出時，該位置會有細小的邊緣突起，即為分模線。不同的產品模具設計並不相同，所以分模線的位置也有區別。通常會**切在比較複雜難脫模的位置**，例如：招財貓的手部、布袋財神背後上方的葫蘆尖端。

一般手工皂矽膠模，大多是簡單的出口大於身體、已經有拔模角度的模具，很好脫模。

文字／logo 的使用

將自己個人獨特的皂章或logo在灌注矽膠前，用固定母模的各種方式，將logo固定在外模內側自己想要矽膠翻出logo的位置，完成後，即成為有自己品牌的矽膠模。

壓花墊的運用

若是矽膠內模、外模想做出波浪狀或是任何凹凸立體花紋，也可以在灌注矽膠時，在母模或外模放入自己設計的薄片製造美麗圖案。也可以利用此巧思，自製凹凸立體花紋或自有品牌花紋的矽膠壓花墊。

翻皂章的功能

喜愛或自己設計的皂章，經過多次使用難免會缺角斷裂。在製作完成初時，趁著全新沒缺陷時，就先將它翻製起來，日後若原皂章損壞就可以再產出新的皂章。

翻模手法同上述，首先用皂章當母模，翻製全新矽膠模。翻製出來的矽膠模修整後，用環氧樹脂或是水晶膠就可產出無數新的皂章。

運用巧思也可以製作其他各式各樣手作品、精美配件……。

最後：祝福各位都能自製近乎零缺點的母模與矽膠模成品，最重要的一點：請尊重版權、勿翻有版權的商品。

部分內容方法與數據參考出處：

石膏廠商：FB 冷蝶
矽膠廠商：信韓香之舞、FB江嘉瀅
翻模部分：超詳解! 初心者の開心打皂筆記書

一起創皂幸福~讓幸福可以永恆

陳美玲

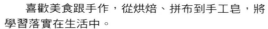

喜歡美食跟手作，從烘焙、拼布到手工皂，將學習落實在生活中。

蛋糕皂即是結合了烘焙與手工皂，再加上學習拼布培養的一點美感所產生的作品。

祝福跟我一樣喜歡手作的朋友們可以在生活中快樂學習，在學習中快樂生活；在手作的世界裡找到幸福！！

造型蛋糕皂

一、蛋糕皂配方：

油品	百分比
椰子油	20%
棕櫚油	20%
橄欖油	40%
甜杏仁油	20%

甜杏仁油 20%
橄欖油 40%
棕櫚油 20%
椰子油 20%

二、蛋糕皂的重點

1. 準備蛋糕體：

我們先依照配方，做出需要的蛋糕體，形狀可有長方形、正方形、圓形、心型……等。

（皂體作法跟一般手工皂一樣，做好2~3天後脫模備用）

2. 裝飾皂液

蛋糕皂體事先準備完成之後，我們就可準備裝飾的皂液，擠花皂液需要比較濃稠，要比Trace更濃稠。

（可在軟墊板或烘焙紙上測試濃稠度，等待線條明顯穩定後，即可擠在蛋糕皂體上）

3. 輔助工具

（1）擠花袋：

須選擇厚度較厚、品質良好。

（2）花嘴：

做蛋糕皂常用的花嘴A.圓形花嘴 B.細齒型花嘴 C.齒型花嘴 D.花瓣花嘴 E.葉形花嘴 F.特殊花嘴

（花嘴有各種不同形狀，搭配不同的花嘴，就能延伸變化出各式圖樣。）

（3）轉換器：

在使用擠花嘴製作時，能搭配花嘴轉換器一起使用，這樣能夠隨時的更換花嘴，讓我們做蛋糕裝飾時更能靈活運用。

基礎打皂

椰子油	120g
棕櫚油	120g
橄欖油	240g
甜杏仁油	120g
純水	212g
氫氧化鈉	88g
INS硬度143	

作法：

蛋糕皂體 —需 2 ～ 3 天前準備

1. 準備212g純水，製成冰塊。

2. 將88g氫氧化鈉分3~4次加入冰塊中攪拌，直到氫氧化鈉完全溶解。

3. 將配方中的油脂量好混合後，用溫度計分別測量油脂和鹼液的溫度，兩者皆在35℃以下，且溫差在10℃之內，即可混合。

◎秋冬時，椰子油和棕櫚油等固態的油脂須先隔水加熱後，再與其他液態油脂混合。

4. 將步驟2的鹼液分次慢慢加入步驟3的油脂中，一邊用不銹鋼打蛋器攪拌，將皂液攪拌到Light trace的程度即可。

5. 將皂液倒入圓形模具中，放入保麗龍箱中保溫，約2~3天後即可取出脫模使用。

裝飾蛋糕皂皂液

6. 依照配方取1／3的量，重複1.2.3.4.的打皂步驟。

7. 將打好的皂液分成3鍋，其中2鍋加入適量的粉紅礦泥粉和青黛粉調成粉紅色和淡藍色備用。

8. 將調好的皂液個別放入擠花袋中，裝上7173號花嘴備用。

◎擠奶油花皂液需要比較濃稠，可先在烘焙紙上做測試，等待線條穩定明顯，即可擠在作品上。

◎填充皂液時不要貪心，約擠花袋1／3容量即可，每次重新填皂液時，先擠出擠花袋裡的舊皂液，再填充新的皂液。

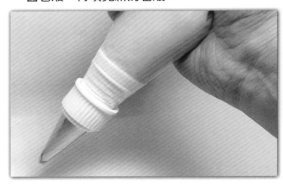

9. 將蛋糕皂皂體放置蛋糕轉盤上，在蛋糕皂體上，用牙籤畫出嘴巴的位置，一手拿起

原色皂液的擠花袋，從最底層開始擠出放射狀的羽毛，羽毛要由內往外拉出，第一層擠完再往第二層做堆疊，先將嘴巴的部分用原色皂液填滿。

10. 將事先準備好的皂土搓成長條狀，用原色皂液當黏著劑，放至尾巴的位置。

11. 拿起粉紅色的皂液，在嘴巴外圍的部分擠滿粉紅色的羽毛，尾巴的部分也要擠滿粉紅色的羽毛。

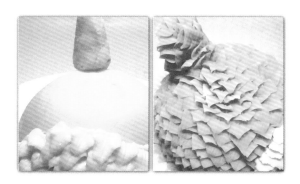

12. 用事先準備好的皂土，搓出眼白、黑眼珠、眉毛、嘴巴。

13. 組合眼睛嘴巴

14. 裝飾好的造型蛋糕皂，需要等待熟成時間，約4~6星期後再使用。

手工皂創作資歷11年，創立「舒丹亞手工皂
坊」 國立台灣圖書館、致理科大、社會局、退輔會、
市民大學……等之手工皂講師
手工藝工商協聯合會 手工皂師資班講師
曾出版《5大技法達人級手工皂》(采實文化)

陳_{婕菱}

本著疼惜家人的初衷墜入茫茫無涯皂海，為了分享與傳藝給廣大的皂友同好創立舒
丹亞手工皂坊。在這個人生的奇幻旅程裡，透過親手製作每個不同款式的手工皂作品，
療癒心靈也舒緩了生活中因外界紛擾而產生緊繃的情緒，我覺得手作物所展現的生動度
與過程中所蘊含的溫暖心意，是其他一般普羅商品無法比擬的，我喜歡手工皂的多
樣化，更愛親手製作過程裡隱隱散發出的萬般祝禱祈願，期望經由我的引薦與教
授，讓大家一同參與感受手工皂的無比魅力。

小巧精緻的多肉植物，是許多人培養綠手指的試金石，但畢竟他們是活生生的植
物需要灌溉施肥才能令他們展現生氣勃勃的姿態，透過調配適當的皂液配方，選擇
合適的擠花嘴與擠花技巧，我們也可以將多肉植物的千姿百態利用手工皂將其
擬態展現出來，創作出一盆盆幾可亂真又不需要太用心呵護的擺飾香
氛多肉植物手工皂盆栽，藉由怡人香氛以及觀賞玲瓏多
變的手工皂作品療癒自己以及身旁周遭的人，大
家一起來動手創作屬於自己的多肉植
物手工皂盆栽吧！

多肉植物皂

現代人充滿忙碌的生活壓力，時時讓
人煩躁不安，就讓撫慰人心綠意盎然的多肉
植物來解救您的心靈吧！

長相可愛的多肉植物是非常具有療癒
作用的小精靈們，他們的品系繁多，長相小
巧，相當受現代人喜愛。但是，活生生的綠
色植物照顧不易，沒有綠手指般的現代人多
半不敢輕易嘗試種植，因此，經由這個擬真
的發想，透過柔軟可塑的皂液作為表現的素
材，調整色彩選擇適當的花嘴，運用巧手把
形形色色的多肉植物製作出來，不需澆水也
不會凋零，每天都會以最茂盛、最美麗的姿
態呈現在眼前，兼具觀賞與療癒的效果，讓
生活多點綠意，也讓生命充滿創意巧思。

多肉植物的型態可以大致區分為三
種，分別為柱狀、片狀以及尖葉狀，他們的
代表性植物有柱狀型態的仙人掌；片狀型態
有金錢木、山地玫瑰；尖葉狀型態有聖誕
樹。

我們可以選擇其相對應適合的花嘴來
製作，當然製作時須有流暢的手勢，這是需
要多加練習的，相信經過老師的提點，再
加上後續多加的練習，俗話說得好「熟能生
巧」，每個人都可以輕鬆上手製作自己專屬
的觀賞用多肉植物造景，坐而言不如起而
行，就請大家一起跟著我的步伐動動雙手，
發揮巧思，自己動手DIY創作出自己專屬的
幸福，多肉擠花蛋糕皂的盆栽世界！

多肉植物杯子蛋糕皂

擠花配方：

油脂：椰子油180g、棕櫚油180g、蜜蠟15g、
　　　橄欖油200g、澳洲胡桃油125g
氫氧化鈉：105g
水量（冰塊）：263g
精油：miaroma草本複方7ml
添加物：綠礦泥粉、紅色珠光粉、黃色珠光粉
　　　　適量

製作多肉植物蛋糕皂步驟：

一、先完成蛋糕主體，例如：蛋糕體、杯子蛋糕體。

二、將擠花配方的105g氫氧化鈉少量分次加入冰塊中攪拌，直到氫氧化鈉完全溶解後備用。

三、將配方油脂混合加熱溶解，等油溫及鹼水降溫到35度以下時，將鹼水慢慢倒入油脂中，用打蛋器攪拌到皂液呈現濃稠狀，用刮刀拉起來皂液不會滴落的狀態時，加入精油。

四、將打好的皂液分杯調色，綠色（綠礦泥）、黃色（珠光粉）、紅色（珠光粉）

五、將調好顏色的皂液裝入擠花袋中，裝上花嘴備用。

六、將設計好的植物花型配件先擠好備用。

七、在蛋糕皂體上抹上一層咖啡色皂液。

八、將擠好的花型配件，用花剪依續擺放到蛋糕主體上，最後在主體上用17或18號花嘴擠上草皮修飾即可。

仙人掌

1. 將調好的綠色皂液放入擠花袋中，裝上352號花嘴，白色皂液裝上2號花嘴，用10號或12號花嘴先擠一個錐體基座。

2. 用352花嘴貼著基座，由下往上擠出第一片仙人掌葉片，第二片開始都必須貼著前一片葉片由下往上擠，依續擠完整個錐體基座。

3. 用2號花嘴擠出仙人掌的刺。

4. 擠好的仙人掌完成圖。

金錢木

1. 將調好的紅色皂液放入擠花袋中，裝上104號花嘴，用刮刀將綠色皂液塞入紅色皂液的擠花袋裡，先擠一個平面基座。

2. 花嘴由中心點開始由內往外擠出花瓣，一圈的花瓣約需5~6個花瓣。

3. 第一圈和第二圈的中間需擠一個花瓣，避免層與層之間花瓣葉片沾黏。

4. 相同方法依續往上擠，上層花嘴要慢慢立起來，讓花瓣葉片不再下垂。

5. 完成圖。

山地玫瑰

1. 將調好的紅色皂液放入擠花袋中，裝上104號花嘴，用刮刀將綠色皂液塞入紅色皂液的擠花袋裡，先擠一個錐體基座。

2. 將花嘴胖的地方部分朝外，尖的部分朝自己先擠一個花心。

3. 第二圈開始繞著花心擠花瓣，每一個花瓣要盡量拉長一點。

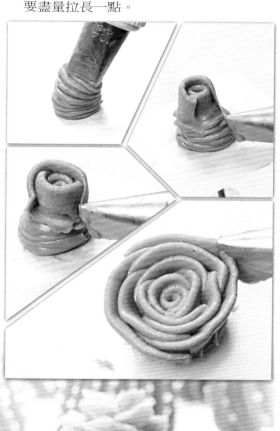

聖誕樹

1. 將調好的黃色皂液放入擠花袋中，裝上18號花嘴，用刮刀將綠色皂液塞入黃色皂液的擠花袋裡，先擠一個錐體基座。

2. 花嘴插著基座由內往外拉出葉片。

3. 依序每一層都插著基座由內往外拉擠出葉片，直到最上層。

4. 完成圖。

多肉植物蛋糕皂的組裝排列組合

組合蛋糕皂盆栽，通常利用色彩、姿態、高低的層次來排列出不同的美感，讓小空間裡也能有各種植物可以觀賞，這就是組合盆栽的魅力。

多肉植物蛋糕皂在排列組合時，原則上會將高大的植物放在中間，低矮的則分布在周圍；再利用不同的顏色穿插點綴，發揮自己的創意組合，可以先試著將擠好的多肉植物擺放在蛋糕體上，先排列看看，可以鋪畫成一個庭園或花團錦簇，也可以單品組合。決定好構圖後，就可以組合到蛋糕體上了。

多肉植物蛋糕皂組裝

將擠好的各種不同植物，用花剪將擠好的配件依續擺到蛋糕體上，及擺放在陶瓷杯子花器裡，在空餘的位置用17號或18號花嘴擠一些黃綠色草皮，一盆漂亮的多肉植物組合盆栽蛋糕皂就完成了。

千創 新視界——手工皂

吳佩怜

最初接觸手工皂時是由親姊姊領入門，
因緣際會下參加了由本書工會所辦理的手工皂講
師培訓課程，而後亦於工會擔任畫皂課程授課講師。
民國104年成立咕咕鳥幸福手作坊，希望除了手工皂外，
也能將更多環保療癒且具幸福感的手作藝術推廣出去。

曾於環球林口A8百貨擔任親子DIY活動講師、中
華職訓中心手工皂兼任講師，目前與台北市慶城街
一號百貨商場配合，擔任各項親子手
作活動講師。

童趣畫皂

畫畫是自由的、天馬行空的！但對於想畫圖卻沒有天份、沒有學習過的人來講，還是有困難度的。即使是看著參考圖畫出來，也是比例差距甚遠，常常都會有自己都不知道自己在畫什麼的感覺呀！

有看過在園遊會中常常出現的「烤畫」攤位嗎？什麼是「烤畫」？運用一片平面鋼板，老闆已經在上面用黑膠描繪出不同的卡通圖案，再由顧客運用不同顏色白膠進行著色，完成著色後，老闆會將成品放入烤箱烤個十來分鐘，烤好即完成有趣、具療癒，又有成就感的烤畫。

2013年的盛夏，當時我還在手工皂講師培訓班上課，每日絞盡腦汁苦於不知要繳交何種創意皂做為結業成品。而在一次園遊會中，帶著孩子玩烤畫時靈機一現，或許這種方式也可以運用在手工皂上，讓即使不會畫畫的人，也能做出各式各樣可愛的畫皂。

經過反覆測試，終於將心中所想，成功地實現在手工皂上，並有機會將此技巧教授給後期手工皂講師培訓班的學員們，這是一開始製作畫皂時所沒有料想到的。

在童趣畫皂這個章節中，畫畫是畫在最底層的，所以需要等脫模後才能看出成品的樣貌。這樣的方式能避免表層與冷空氣接觸而產生的白粉情形。不會畫畫的人也可以運用圖片描繪方式，讓畫作更生動。

畫皂不困難，但要準備的小工具還不少，多點耐心就可以體會到畫皂的樂趣哦！現在就跟著我一起來畫皂，療癒放鬆身心靈吧！

配方

橄欖油120克（20%）、棕櫚油180克（30%）、椰子油120克（20%）、苦茶油150克（25%）、蓖麻油30克（5%）、純水230克、氫氧化鈉89克、冬青精油5ml

蓖麻油 5%
苦茶油 25%

椰子油 20%

棕櫚油 30%

橄欖油 20%

配方說明

　　苦茶油與橄欖油都是親膚滋潤、滲透性、保濕性高的油品，適合乾敏性肌膚或嬰幼兒肌膚使用，溫和不刺激。因此整體配方的洗感滋潤度佳，是很適合乾冷氣候使用的皂款。

　　INS值：149

打皂時間

　　手攪約1小時（天候冷熱、溼度、打皂速度及選用不同廠商的油品，都會影響打皂過程的時間。）

示範模具

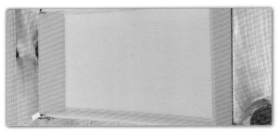

◎自製長方模（長13公分 * 寬22公分 * 高4公分）

示範圖片

◎此次選用幼福文化事業出版的粘貼遊戲書-動物探險書中圖片

使用工具

　　調色材料（可參考p.90調色說明）、牙籤或細竹籤、細頭棉花棒、三明治袋、投影片、保鮮膜、調色杯或紙杯、攪拌棒、凡士林、長柄湯勺、剪刀。

打皂前的準備步驟：

一、 將投影片剪裁至與模具底部大小相同
（13*22），能夠平整放入模具中最佳，
投影片比模子略小一些也無妨。

二、 準備好圖片，確認要畫的圖案可容納至模
具大小內。

三、 將所選圖案用油性筆描繪至投影片上，也
可以加入一點自己的小巧思讓作品更豐
富。畫好的這面即為正面。

四、 在正面塗上薄薄一層凡士林，貼上保鮮
膜。此舉是為了避免油性筆遇皂化高溫
時被皂液溶解，汙染模具及皂體。

五、 將正面翻面朝下，看到的這面即為反
面，完成後放一旁備用。等一下我們要
在反面製作畫皂，脫模出來的成品才會
是正面的唷！

六、打皂：

1. 將所有油品混合，氫氧化鈉及純水重量秤
好。

2. 將氫氧化鈉緩緩倒入純水中攪拌均勻後，
待鹼水降溫到45度左右再開始操作。

注意！溶鹼過程中會出現嗆鼻氣味，記得要
戴上口罩，並於通風處操作。

3. 將鹼液慢慢倒入油鍋中開始攪拌，一直攪
拌至Light Trace後即可進行調色。

4. 先準備幾杯主要皂液及黑色進行調色。此次先調出四種主色，其他用量較少的色彩，可在過程中再慢慢增加調色。也可以從這四種主色再去調出不同或深淺的色彩。

七、取黑色皂液，添加3-5滴精油，攪拌均勻後倒入三明治袋中，在尖端剪一個極小洞，並開始描繪圖片外框。

八、描繪過程中，如有線條粗細不一的狀況，可使用細頭棉花棒沿著線條邊緣擦拭，讓線條較為流暢。如有細緻的線條，可以使用牙籤沾一些皂液，以拖曳方式慢慢畫上。

九、取第二個欲著色的有色皂液，添加精油，同上流程製作。

十、後續皂液都依前述方式陸續製作，直到填滿所有色彩。

1. 每種顏色都是在開始著色前才加入精油攪拌均勻，此舉為了讓每色皂化速度有所區隔，才不會有互相混色或暈色的情形。所以使用的精油必須是能加速皂化的精油。香精大多會加速皂化，也可以使用香精取代易速 T 精油。

2. 邊框黑色線條跟其他色彩需要填滿、飽和；顏色與線條間必須沒有空隙，成品才會漂亮無空洞。

十一、等待30分鐘，畫皂上的皂液較為凝固，再輕輕舖上剩下的原色皂液。

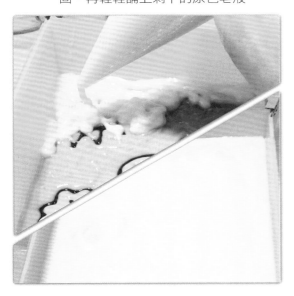

十二、保溫2-3天後脫模。由於添加2.6倍水，因此皂化升溫過程中會將多餘水份釋出，脫模前表面有水珠是正常情形。

十三、脫模時從角落開始輕輕將投影片及皂分離，即可取得畫皂的完成品。剛脫模的完成品上會有一些水漬，使用廚房紙巾在表面輕輕吸乾即可。

脫模小提醒：

　　脫模時需確定皂體已乾硬，否則投影片與皂體分離時，畫皂較細的線條或顏色容易被投影片一併黏起，成品就無法完整呈現。

終於完成有趣的畫皂了！做出來的畫皂僅有表面有薄薄一層色彩圖樣，若要拿來使用，有色表層也很快會洗掉，既能達成玩皂的樂趣，又符合一般做皂人對手工皂「越天然越好」的訴求。

若是畫得滿意，可以在皂體乾燥後裱框留念，存放環境通風乾燥，大約可以放置1～2年。若以實用性質來看，太大塊的畫皂可以切塊，與小孩當做手工皂拼圖，也是饒富樂趣的！

完美畫皂技巧秘訣大公開

調色秘訣：

黑色：備長炭粉、竹炭粉

白色：白礦泥粉、白珠光粉、二氧化鈦粉

咖啡色：可可粉、巧克力粉

磚紅色：紅辣椒液、紅椒粉

其他色彩：

1. 耐鹼三原色液

三原色液可調出各種顏色，比較不會有顆粒攪拌不均或成品跑色問題。一般皂材行常見販售的是水性三原色液，水性三原色液遇鹼後會跑色，所以購買前需再詢問清楚才不會買錯。

2. 化妝品級各色珠光粉、色粉

僅需極少量就能達到調色效果。

3. 各種植物粉

雖然以植物粉調色比較天然，表現出的成品色彩也很自然，但攪拌上需花較長時間操作才能均勻無顆粒，且大部份的植物粉在晾皂期間就會慢慢褪色，畫皂原色比較難以長期維持表現，故不建議大量使用植物粉在畫皂的調色上。畢竟一幅畫皂需花上半天時間才能操作完成，若成品色彩不能達到預期，費時費工也沒成就感。

4. 各色礦泥粉

　　越來越多有色礦泥粉調出的色彩並不亞於色液、珠光粉，褪色速度也不像植物粉這麼快，只是要調均勻也要一些時間，可以少量選擇使用。

5. 三原色色環：

　　調色看來簡單，但其實是一門專業。非美術美工設計科系的人，無長期性的訓練與經驗較難精準調出想要的色彩。所以此時可以運用三原色色環了解基本概念，也是調色時的好幫手，調色時不要忘了它。

三原色色環的使用方式簡易說明：

　　以中心點的三原色紅、黃、藍為起點，第二層的橘色、紫色、綠色，分別就是由黃+紅、紅+藍、藍+黃所組成。而第三層則是依照各色比例去調出想要的深淺度。

模具選擇秘訣：

　　只要是底部平整的模具皆可以使用。如：此次示範自製瓦楞板模、平底渲染模、壓克力模、土司模皆可。

圖片選擇秘訣：

　　初次製作畫皂者，圖片不要選擇太困難，盡量以線條簡潔、色彩鮮明圖片為主。如果本身會畫畫更好，直接畫出想呈現的畫作即是獨一無二的成品。但記住畫作不要太複雜，否則花太多時間製作，還沒畫完，皂液就已經太濃稠而無法繼續操作，此時就必須重打一鍋囉！

加速皂化精油選擇秘訣：

　　因為每個廠商販售的精油，原廠、產地都不盡相同，精油皂化速度也不太一樣。大多數較常見會加速皂化的精油有安息香、冬青、依蘭依蘭、廣霍香、玫瑰天竺葵……等，在購買前仍需與店家確認上述精油是否能加速皂化。

　　香精大多數都會加速皂化，僅有極少數不會，因此也可以使用少量香精搭配上述精油加入皂液中使用。

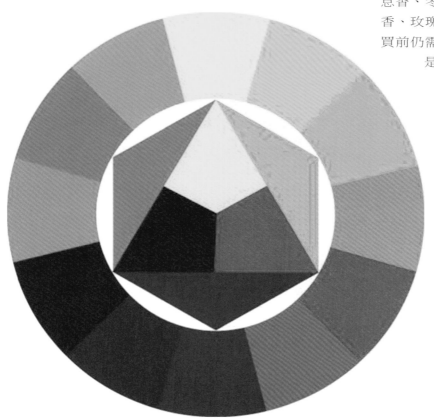

張碧珠

離開職場20幾年，平常喜歡旅遊結交朋友，喜歡藉由傾聽和分享，用心感受人與人之間的交流，但求待人處事能夠圓融及誠信。

2０幾歲─進入職場
3０幾歲─離開職場學習美容，並取得美容師技術士證照，同時拜（瓊瑤之弟）陳懷谷大師學習水墨，也因此愛上旅行
4０幾歲─跟上運動的風潮，並迷上自助旅行，旅行30多國
5０幾歲─偶然機會學習做皂，以國畫融入手工皂，並取得新北市手工藝業職業工會手工皂講師證書
相信自己的價值，並盡自己最大可能的將事情做到盡善盡美。

山水畫皂

山水畫 編冊書

在國畫中，山水畫派系最具代表性，悠遠深長、如詩如畫的山水畫，在中國美術史中佔有著重要地位，自古以來山水畫中意境的表現，也是諸多文人墨客評定山水畫作品高低的依據。

中國山水畫境中，山石林泉、流雲飛瀑呈現的虛無縹渺，若隱若現，似有似無，含蓄地表達了深邃的意境，讓人不禁讚嘆那山水高峻雄偉的氣勢！在遊覽中去體驗，身臨其境的觀察自然，如歷真山真水之中！感悟自然的魅力，不僅可以增加感性知識，體會在畫中呈現的意境，還可以擷取大自然的精華，作為自己創作上的藍圖，更可以吸收天然的神奇變化，成為自己筆下的題材，開拓了自己心靈上的感受，一石一木都能激發靈感而揮灑在筆下。

常到大陸旅遊的同時，還能為山水畫創作找到創作的靈感，使山水畫創作從觀摩轉向內心昇華，更加充滿情趣。

因個人迷醉於山水國畫，曾揹著背包遊走九寨溝、黃龍、張家界達16天，還有武夷山、黃山、桂林山水甲天下等等……，徐霞客說：「登黃山而天下無山，觀止矣。」足見黃山景色之美，其景色崎嶇變換、靈秀多姿，正是理想的描繪對象。

我在國內也每年2次，每次為期約10~15天，大約在（4月、10月）因這月份雨水、颱風較少，帶著歡喜、期待、愉悅的心情，背著所有換洗衣物、大背包到各處山區健行，也是體力一大挑戰！喜歡遊走在山林間中吸取芬多精，運氣好的話可看到無邊無際的雲海，尤其颱風過後山區雲海景色，真是千變萬化、美不勝收！其中，玉山的雲海景象，更是令我難以忘懷！

山水畫的繪畫創作中，非常重視「畫

面意境的營造和筆墨的技法」，如要畫大山則小樹，樹大則人物要畫得更小，重點要注意構圖畫面的比例。水墨畫的呈現方式很多，就技法而言，有寫意、工筆、還有潑墨畫法等等。

山水畫的技法，包括「勾」、「皴」、「擦」、「染」、「點」五個步驟，先用墨線勾出山石的輪廓，再用各種皴法畫出山石明暗向背，然後用淡墨渲染，進一步加強山石的立體感，最後用濃墨或鮮明的顏色，點出石上青苔或遠山的樹木。

水墨畫講究意境、筆趣和墨韻，透過乾濕濃淡的墨色變化及多樣的線條表現，創作出變化無窮的絕佳作品，其構圖形式和西畫是非常不一樣，這樣的呈現也和中國的人文思維，密不可分。

初期學山水畫時，要大量臨摹前輩或老師畫作，這是奠定基礎的重要環節，具有重要意義。從山水畫作中，觀察與學習一幅畫的佈局與比率，同學若對選擇畫作的難易程度拿捏不到位，會導致學生對美術感到很難，而喪失對美術學習的興趣。

在山水畫的學習中，臨摹是筆墨技巧的訓練過程最重要的一環，也是學習中國山水畫傳統文化的方法。學生通過臨摹，直接與古人對話，感悟他們筆墨變化。對歷代經典的山水畫作品產生深刻的印象，不僅能提高筆墨技巧，培養較高的審美眼光，也能為以後的山水畫創作打下厚實的基礎。歷代成功的山水畫大師在學習山水畫之始，無不是從「師傳統」開始，既臨摹前人的繪畫作品中入手的。臨摹古代作品是學習的一個過程，一種手段，也是創作不可或缺的一部分。

古人云：「石分三面」、「下筆便有凹凸之形」，山有脈絡，不同的岩石有不同的紋理，千變萬化，想要表現出好的作品並非易事，得下一番功夫學習。亦云：「樹分四枝」，要把樹的前後，左右關係畫出來，畫不好就只有左與右兩面，沒有前與後關係了。而畫人物就更嚴格，要研究顏面、動態、手足、衣紋等等。

繪畫作品時，應注意觀察主題背景之間的關係，也就是在繪畫一幅山水畫時要先會構圖讀稿，只有這樣審視作品，才會變得富有詩意，才會深入到繪畫情境中，去感受繪畫的主題和感情抒發。

陳碧 海雲山里河

畫皂必先完成皂體：

1. 皂的製作過程：

量椰子油 →

量純水 →

量鹼 →

鹼入水 →

鹼水降溫
（到30度左右） →

鹼水入油
（油溫到30度左右）→

混入後攪拌均勻 → 倒入模具等待24小時

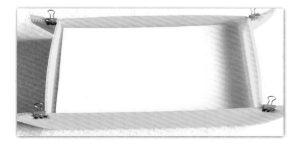

2. 做皂材料器具：

純水、秤、椰子油、氫氧化鈉、模具

PP板（塑膠瓦楞板）

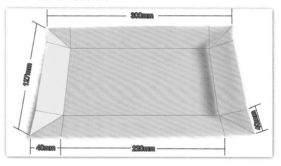

3. 畫皂顏料器具：

顏料、畫筆、皂絲⋯⋯
備長炭、紅麴、靛藍植物粉、毛筆

椰子皂絲

4. 畫畫流程：

(1) 山石輪廓　　山石紋路　　**(2)** 岩石輪廓

岩石紋路（皴、擦）

備長炭渲染　　山石小樹

備長炭、靛藍植物粉渲染

靛藍植物粉渲染　　紅麴粉渲染

(3) 瀑布（皴、擦）　　備長炭、靛藍植物粉渲染

（4）飛鳥、向左、向右

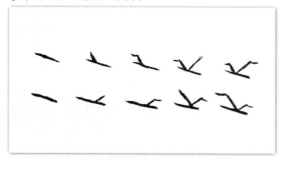

5. 完成作品

賴淑美

香草工房苗栗店店長8年
新北市手工藝業職業工會 手工皂師資班講師
社團法人台灣手工藝文創協會 手工皂師資班講師
台灣香草手工皂藝術發展協會 理事
苗栗縣職業總工會提升勞工自主學習計畫手工皂及保養品調製課程講師
救國團苗栗縣團委會 手工皂講師
社團法人苗栗縣心出發協進會產業人才投資計畫手工皂及保養品調製課程講師
社團法人中華民國職能技藝推廣協會 勞工在職進修計畫手工皂調製課程講師
社團法人台灣鵝力灣協會 產業人才投資計畫手工皂及保養品調製課程講師
社團法人台灣新移民發展與交流協會 產業人才投資計畫手工皂及保養品調製課程講師
台北中國老人社大 手工皂講師

玫瑰皂花

粉紅浪漫的玫瑰花籃，展露幸福神秘的魔法，將幸福的種子輕播到夢田，一瓣瓣粉紅的玫瑰妝點著浪漫的花籃，馥郁的香氣恆久遠。

一籃永不凋謝的花，一籃芳香四溢的花，陪伴著美好時光。用皂花把這浪漫的氛圍延續永遠。

一、皂土的配方

配方跟皂土有很大的關係，濕軟的配方易黏手，硬度太高的配方作品容易脆裂、不易保存。而沒有彈性的皂土作品易龜裂，此配方都屏除了這些的缺點，不黏手、有彈性、好塑型。

天然蜜蠟	10g
椰子油	200g
棕櫚油	100g
橄欖油	140g
蓖麻油	150g
氫氧化鈉	77g
純水	192ml
精油	15ml
溫度	40°C

二、皂土的製作

夏天時，天然蜜蠟可以先融化再慢慢加其他油脂混合，冬天時蜜蠟可以和硬油先融化再加入軟油混合拌勻。

1. 蜜蠟與硬油先加熱混合拌勻

2. 硬油融化後先攪勻再把軟油慢慢加入拌勻

3. 把所油的油拌勻後溫度控制約在40度再把鹼水（一樣溫度）徐徐倒入油中攪拌到 trace，加入精油拌勻。

4. 也可加入一些色粉拌勻。

5. 入模保溫1~2天後脫模。

三、皂土的保存

皂土脫模後，切塊搓成球狀放入夾鏈袋中保存以免乾硬不好捏花。

四、花籃的製作

1. 選一適合的花籃及準備雪紗、網紗(佈置婚紗會場的紗或窗簾布也可)、緞帶、珠珠、鐵線、棉線、針線、熱熔膠、珠鍊、鉗子……等等備用。

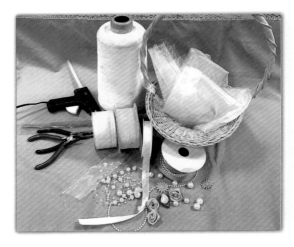

2. 取一網紗約花籃手柄的二倍長，前後用針線縫好固定再纏繞在把手並兩端用熱溶膠固定好。

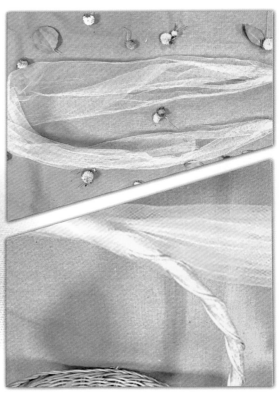

3. 用雪紗及網紗約花籃一半寬度的一倍，用針線縫好拉緊成皺褶，兩層都依序用熱熔膠固定好。

4. 分別把網紗及雪紗固定收尾縫製在花籃底下。也可再用珠針固定住。

5. 用小珠鍊裝飾在花籃把手上，兩端再用熱溶膠做固定。

6. 花籃兩邊用緞帶裝飾，緞帶先用棉線綁緊再用熱熔膠黏至把手兩邊，也可添加布花或珠珠，花籃中間可再用緞帶綁緊收尾。

7. 把皂邊用燉鍋加熱約一小時，若皂邊太過乾硬可以添加微量水分，熱製成皂糊後可調色也可添加香氛，趁熱倒入花籃中間備用（花籃中間部分可以用保鮮膜裝皂糊以免外漏）。皂糊冷卻後可當插花用的底座，也可增加花籃重量較不易傾斜。

四、皂花的捏塑

1. 鐵線用尖嘴鉗彎成倒鉤，取一皂土搓成橢圓
   狀壓緊，這樣花朵才不會掉落。

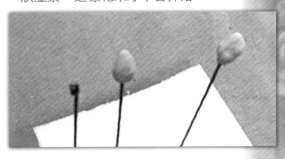

2. 取皂土約7~8克(約一朵的重量)分成每一小
   球狀再用手指慢慢壓成薄片狀。薄片不用
   太刻意大小一致及整齊。

3. 先取2小片包覆玫瑰花心可以反覆再做一次

4. 再取花瓣從前一片的花瓣之一半開始包
   覆，花瓣可以隨著花朵的增加而變大，直
   至喜歡的大小。

5. 用綠色的皂土壓平剪成五角形做成花托。
   這樣玫瑰皂花就完成了。

五、花籃的組合

1. 紗網可剪成方形折半用鐵線固定住。

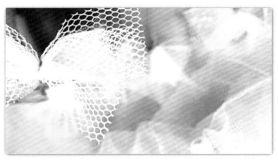

2. 把玫瑰皂花插入皂土中，間隔用紗網來裝飾。

3. 玫瑰皂花籃製作完成。

楊塵

只因為想為家中的大量回鍋油找一個好出路，所以接觸了手工皂，從此結下了不解之緣。

很多人說種花養心，於是我愛花也種花，舉凡與花有關，我都挺有興趣。

所以在手工皂的區塊裡，我也特愛擠皂花與捏皂花，能沉浸在花的世界裡，就是一件開心的事。

大理花、荷花

讓每一朵花都成為最佳女主角

愛花成癡的我，種花免不了，學插花是必然，舉凡乾燥花、不凋花、捧花、布花……都接觸了，想當然爾烘焙的奶油擠花、糖霜擠花、豆沙擠花、蠟燭擠花、糖花、果凍花、咖啡拉花……手工皂擠花那是更不可少，接觸黏土斷斷續續接近五年，最終還是喜歡捏花，所以接觸手工皂怎能不做皂花。

最常聽到的一句話~怎麼捨得洗?當你自己學會了你就會捨得洗了，不管是送人或是用掉了才會再做新的。隨著心境的不同會呈現出花的不同樣貌。它一樣會大笑、微笑、會傷心、會難過。在靜靜的夜裡由它的主人，賦予他各種生命的戀歌。

優雅喜悅與華麗的 *大理花*

材料與工具

1. 皂黏土

2. 精油
3. 泰勒膠
4. 玉米粉
5. 白棒
6. 葉模
7. 壓盤

皂黏土配方

油脂：
1. 椰子油　150g
2. 棕櫚油　150g
3. 橄欖油　200g
4. 榛果油　100g
5. 米糠油　100g

鹼液：
1. 氫氧化鈉　103g
2. 純水　247g

精油20ml：薰衣草、雪松、尤加利、苦橙葉

粉類添加物：綠礦、綠珠光粉、有機胭脂樹、橘珠光粉、備長炭

皂黏土作法

　　將脫模後的手工皂，分成小坨攤平，使它的水分蒸發，約晾皂三到四週即可使用。

Ps1：可在喇皂時調色，亦可事後再調入顏色。
Ps2：將少許玉米粉灑在皂黏土上面，可以防止沾黏。

大理花的製作

蕊心的製作

1. 將綠色皂黏土搓成胖水滴狀，再上下壓平。

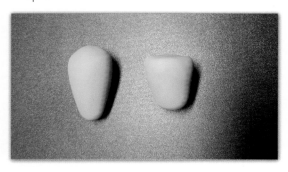

2. 用小剪刀以∨字的形狀，剪出交錯的兩層。

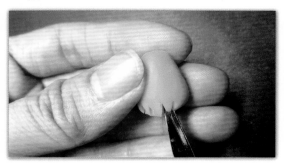

3. 中心用白棒畫出蕊心的形狀。

花瓣的製作

1. 調出三個不同色階的皂黏土。

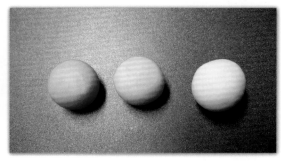

2. 搓出一長水滴兩頭搓尖。

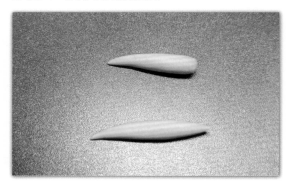

3. 用壓盤壓扁，將邊緣壓薄。

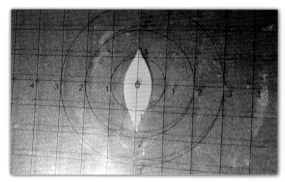

4. 用白棒畫出船型。

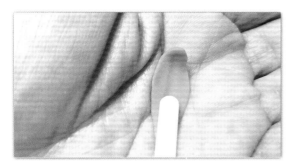

5. 將兩頭捏尖作姿態，此為最內層花瓣。

6. 做出8~9片花瓣，用泰勒膠黏在蕊心的四周。

7. 用白棒在花瓣的邊緣擀出姿態。製作第二層花瓣要比第一層長且寬。

8. 將第二層花瓣黏在第一層花瓣的外圍。

9. 製作第三層花瓣長與寬要大於第二層花瓣，用白棒擀出姿態。

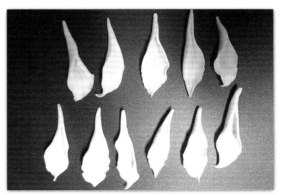

10. 將第三層花瓣交錯黏貼於第三層花瓣外圍。

11. 第四層比照第三層花瓣交錯黏貼於第三層外圍。

葉子的製作

1. 將綠色皂黏土搓一個兩邊尖頭的胖水滴。

2. 將胖水滴壓扁，兩邊壓薄。

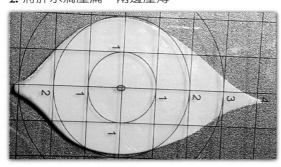

3. 用葉模壓出葉脈。

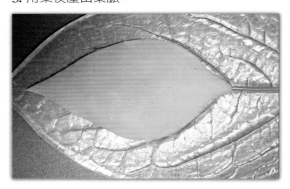

4. 用白棒擀出姿態。

孤傲與冰清玉潔的 *荷花*

材料與工具

1. 皂黏土
2. 精油
3. 泰勒膠
4. 玉米粉
5. 白棒
6. 玫瑰花蕊
7. 壓盤

皂黏土配方

油脂：
1. 椰子油　150g
2. 棕櫚油　150g
3. 橄欖油　200g
4. 榛果油　100g
5. 米糠油　100g

鹼液：
1. 氫氧化鈉　103g
2. 純水　247g

精油20ml：薰衣草、雪松、尤加利、苦橙葉
粉類添加物：綠礦、綠珠光粉、深紅珠光粉、
銀白珠光粉、黃色珠光粉、咖啡
珠光粉

皂黏土作法

　　將脫模後的手工皂，分成小坨攤平，使它的水分蒸發，約晾皂三到四週即可使用。

Ps1：可在喇皂時調色，亦可事後再調入顏色。
Ps2：將少許玉米粉灑在皂黏土上面，可以防止沾黏。

蓮花的製作

蕊心的製作

1. 搓一個綠色水滴狀。

2. 用原子筆尖戳出蓮蓬內的小圓形。

3. 將玫瑰花蕊塗上泰勒膠貼在2的外圍。

花瓣的製作

1. 將白色皂黏土搓成兩邊尖的水滴狀壓扁。

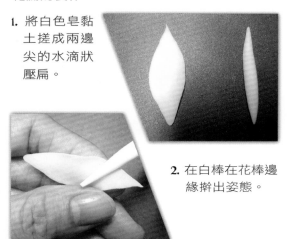

2. 在白棒在花棒邊緣擀出姿態。

3. 用白棒在花瓣中間作出船型，共做5片。

4. 將花瓣黏貼於蕊心外圍。

5. 製作二、三層花瓣時都必須大於上一層花瓣，並交錯黏貼於花瓣外圍。

蓮蓬的製作

1. 用綠色皂黏土搓一水滴狀，用原子筆戳出蓮蓬內的圓形。

2. 用白棒在邊緣壓出凹槽。

葉子的製作

1. 用綠色皂黏土搓圓後壓扁。

2. 用白棒畫出葉脈。

3. 用白棒擀出葉子的姿態。

4. 用手調整出葉子的動態。

蘭可人

對手作這玩藝兒有著無可救藥的迷戀，自幼就喜歡胡搞瞎搞，拿個鐵罐頭跟著玩伴在院子裡生個火就丟些鄰家的花花葉葉看著加入了溫度與水的作用，植物所釋出的天然色澤美麗無比，這些童年有趣的事物在我玩皂的過程中得到大大滿足，愛玩的天性加上滿腦子天馬行空的想法，時時讓我處理正事心不在焉，非擠出時間嘗試不能紓解，也「皂」就這一系列作品的發想。

一以貫之
——蒙太奇手工皂

悠閒

緣由：

　　一日送給友人一塊自製的手工皂，友人驚訝於手工皂的圖案，不信這是一塊由內到外均是相同圖案的手工皂，於是拼命的使用，只為看看是否真的表裡如一？想不到一個有趣的小東西可以使我們生活增添許多情致，因而激起了我做此一系列的主題，一塊「一以貫之」的手工皂。

計劃：

1. 設計圖案

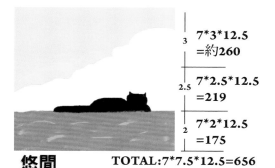

3	7*3*12.5 =約260
2.5	7*2.5*12.5 =219
2	7*2*12.5 =175

悠閒　　TOTAL:7*7.5*12.5=656

2. 以分層皂的技巧來執行

3. 以厚紙板製作圖案刮板

執行：

分二次製作。

1. 藍天 + 白雲（260+219=479g）

材料：

橄欖油	100g
椰子油	60g
棕櫚油	85g
甜杏仁油	50g
乳油木果脂	30g
氫氧化鈉	47g
純水	109g
INS	144

油品分別秤好，油溫控制於45℃，將氫氧化鈉倒入水中攪拌至完全溶解，待溫度降到45℃時，將氫氧化鈉溶液倒入混合好的油品中，以攪拌棒攪拌至皂液濃稠（提起攪拌棒可在皂液表面留下線條即可）達到LIGHT TRACE狀態，可以開始調色。

將皂液分為「藍天260g」，「白雲219g」兩份。

藍天：260g加入藍色珠光粉和二氧化鈦調出喜歡的天空藍，加入薰衣草精油及些許安息香精油以加速皂化，模具略為傾斜，入模後略等約15分鐘，待皂液呈現略固化的不流動狀，即可以調羹刮出雲朵的圖案。

白雲：將剩餘的219g皂液加入薰衣草精油及少許安息香精油及二氧化鈦調出白雲的色彩，倒入已刮好雲彩狀的藍色皂液上，略等約15分鐘，待皂液呈現略固化的不流動狀，即可用自製的貓形刮板刮出造型，放入保溫箱中靜置半天以上待其硬化，刮出的多餘皂液另置其他模型中。

2. 製作黑貓 + 綠地

材料：

橄欖油	60g
椰子油	30g
棕櫚油	50g
甜杏仁油	25g
乳油木果脂	15g
氫氧化鈉	26g
純水	60g
INS	144

油品分別秤好，油溫控制於45℃，將氫氧化鈉倒入水中攪拌均勻，待溫度降到45℃，將氫氧化鈉溶液倒入混合好的油品中，以攪拌棒攪拌至LIGHT TRACE狀態，可以開始調色。

將87g的皂液另置杯中，加入備長炭粉條成黑色，加入薰衣草精油及些許安息香精油以加速皂化，將先前已刮好造型的皂體自

充碎皂邊、皂角。

　　到皂液已達吐司模的一半時，即可將組合好的樹幹，由樹枝段插入皂液中，同時再補充一些碎皂邊、皂角於樹枝的下端。

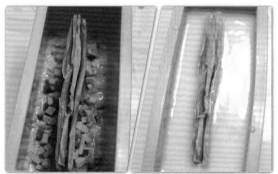

　　然後將原色皂液繼續填到樹根部分。

　　將土黃色與深土黃色皂液，隨意的分層倒入同一杯中，以刮刀略畫一圈，不可過度攪拌，以免失去層次感，緩緩的將皂液鋪在原色皂液的表面，以呈現自然的線條，填滿整個吐司模。

　　放入保溫箱中保溫48小時，取出脫模切皂、晾皂，一個月後即可使用了。

結果：

　　不限定樹葉顏色，所創造出的另類視覺效果更為驚人，讓廢棄的皂邊、皂角製造出一條繽紛的新生命，讓我們的生活更歡樂，祝大家玩皂成功！

陳孟潔

靈感來自於小時候的夢想，將夢想與手工皂結合~
與熱愛手作的朋友們分享手作的樂趣與喜悅，
感受手作皂帶來的幸福與溫暖。

皂房手作生活館負責人
新北市手工藝業職業工會認證講師
2015國際盃美容美髮大賽手工皂創
作比賽—古厝(三合院)第二名
FB粉絲專頁：皂房手作

繽紛夢幻屋

一、配方比例

◎椰子油20%、棕櫚油18%、橄欖油45%、
　酪梨油12%、蓖麻油5%

◎水2.5倍。

◎添加物：紫色珠光粉、黃色珠光粉、藍色
　珠光粉

◎精油：2～3%（可自行調整）

※**貼心小叮嚀**～硬油的比例勿過高、水量在
　2.5倍，可使皂體不過硬。

二、材料

1. 主體3塊：尺寸①長9cm*深7cm*高4.5cm。
   ②長7cm*深5.5cm*高6.5cm。③長6cm*深
   5.5cm*高6.5cm

2. 屋頂斜角度製作方法：分別將主體第②、
   ③塊的右側面，在左右邊緣由下往上各測

量5cm處畫上記號、上方邊緣中間點畫上
記號。

3. 主體放在切皂器上,將線刀鋼線貼齊切皂器,左、右記號分別調整對齊中間點的記號往下裁切。

4. 拼貼皂3塊(紫色、黃色、藍色):尺寸大小需一致(每塊長約10cm*寬7cm*高7cm)

※**貼心小叮嚀～**拼貼皂請在脫模後當天開始製作,晾皂多日會因皂體水分揮發變硬而不好進行片皂。或是使用塑膠袋、PVC包膜密封保存,近日內儘快製作完畢,密封保存時注意室內溫、濕度勿過高,皂體容易因而酸敗!

三、工具&配件

1. 堅固底板25公分*20公分一塊、草皮紙25公分*20公分(草皮紙黏貼固定在底板)、裝飾用樹木與門。

2. 餐墊大(約35公分*30公分)、小(10公分*15公分)各一張、切皂器、線刀、高度墊片(0.2公分、0.4公分)、筆刷、水杯、純水。切割墊板、美工刀、直尺、造型刮板、塑膠雕刻工具棒、木質雕刻平刀。

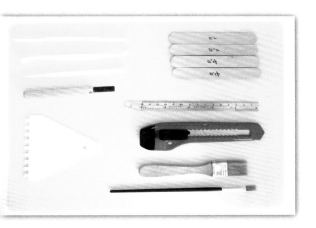

※餐墊（選擇
表面平滑塑
膠材質即
可）主要是
藉由兩片餐
墊的摩擦，
在片皂時推
動拼貼皂塊
比較省力。

※墊片製作：於書局購買冰棒棍厚度需0.2
公分，使用白膠黏合即可。

四、繽紛夢幻拼貼皂作法

範例：紫色夢幻屋（主色／紫色、配色1／黃
色、配色2／藍色）

1. 紫色拼貼皂：使用線刀用0.4公分高度墊
   片，片下8片皂，不需墊片使用線刀片下4
   片皂片。

2. 黃色拼貼皂：不需墊片使用線刀片下12片
   皂片。

3. 藍色拼貼皂：不需墊片使用線刀片下8片皂片

4. 將片下的皂片如圖示依顏色、皂片厚度、排列、片數從底至上黏貼重疊為A、B二塊組合。

A組合：　　　　　B組合：

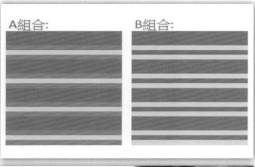

※皂與皂的黏合方法～
1.使用筆刷沾取少量的水，均勻塗抹於預黏合皂片面即可。
2.使用調和的泰勒膠黏貼

※線刀片皂技巧～握穩線刀並固定於平穩桌面上，另一手拇指在上，四指在後順勢推動皂體。

※在片皂時，如因操作線刀或皂體不平穩而產生皂片厚薄度不一時，請用墊片將皂體做一次修皂去除。

5. 將A、B組合凹凸不平處進行修皂切除，使其平整。

6. A組合90度轉向不需墊片使用線刀全組片完。

7. B組合90度轉向不需墊片使用線刀，片下A組合片下的皂片數量的一半即可，其餘備用。（例如A組合片32片，而B組合僅須片16片即可。）

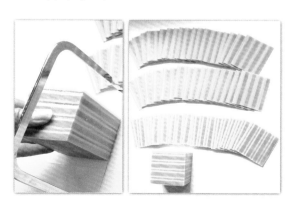

8. A、B組合片下的皂片再各平分成2等份（每1等份可拼貼出一塊繽紛皂體）

9. 先取一份，依圖示將片下的皂片由底至上～第一層A組合一片、第二層B組合一片、第三層A組合一片

10. 第四層A組合一片，此時將皂片反面換向，即可產生交錯圖騰。

11. 以此類推～依重疊排列、交錯拼貼完成。

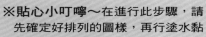
※貼心小叮嚀～在進行此步驟，請先確定好排列的圖樣，再行塗水黏合。

12. 拼貼完成後的兩塊繽紛皂體，將凹凸不平處進行修皂切除，使其平整。

13. 使用線刀用0.4公分高度墊片全數片完（即完成牆面拼貼皂圖騰）

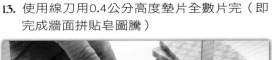

五、屋頂、欄杆、圍牆、樓梯、門窗製作

(1)屋頂

1. 使用0.2公分高度的墊片，將藍色皂塊片下3片皂片。

2. 將其中2片裁切長約9*4.5公分。另一片則對半裁切。

3. 使用工具交叉刻印出屋頂瓦片紋路。

4. 先預量屋頂實際所需的寬度，於刻印最後一排時，直接壓到底裁斷。

(2)欄杆

1. 將黃色皂塊使用0.2公分高度的墊片，片下1片皂片，裁割約長10公分*高1.5公分的尺寸2片。

2. 量好上下平均間距，使用雕刻平刀先做出記號。

3. 用造型刮板於上下處裁壓至底 （上下要對齊哦！）

4. 使用雕刻平刀於左右兩處裁切至底

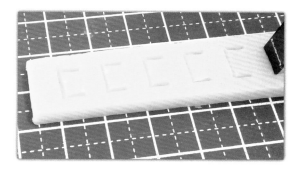

5. 將其剝離達到鏤空的效果

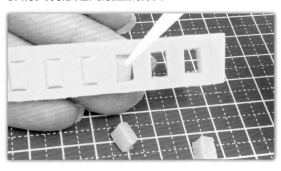

6. 鏤空部分使用工具於周圍加以修飾磨平

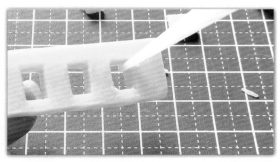

(3)圍牆

1. 將B組合拼貼皂使用修皂器，將左右兩側不平整處修齊，再使用0.4公分高度的墊片，全數片完。

2. 留一片，其餘全部平均剝成一半備用。

(4)樓梯 & 階梯

1. 裁切尺寸長2公分*寬2公分*高4.5公分主體

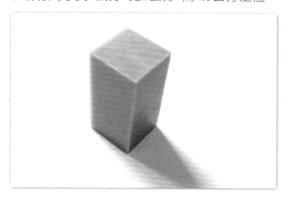

2. 不需墊片使用線刀，片下一片皂片。

3. 切割長2公分*寬1公分、2*2、2*3、2*4、2*5各一片作為階梯。

(5)窗戶 & 門

1. 裁割窗片尺寸：長2公分*寬1.5公分共需4片，每片再對半裁切。

2. 裁割門片尺寸： ①長2.5公分*寬3公分製作1片、門片。②長1.5公分*寬3公分製作1片。

五、巧思製作組合

(1)牆面組合

1. 將拼貼皂片緊密黏貼於主體①、②前、左、右側三面，邊緣多出來的拼貼皂用刀片裁掉切齊。

2. 將拼貼皂片緊密黏貼於主體③前、左兩側（右側不需黏牆面，後續會與主體①結合），邊緣多出來的拼貼皂，用刀片裁掉切齊。

3. 不夠的部位，再使用拼貼皂黏貼補齊

4. 做屋頂裁修時，刀背緊貼屋頂斜度順勢往下切割，屋頂皂片在黏貼時才會密合。

※刀片裁切的小撇步～將刀背緊貼於主體，在進行修切會較平整。

※拼貼牆面時，在接合處如產生細微小縫隙時，塗抹少量水再利用工具或指腹以推抹的方式修整黏合。

(2)製作窗框、門框

1. 於主體①、②、③決定好窗、門位置。

2. 使用直尺與刀片切畫出窗、門尺寸、深度0.2公分的框型記號。

3. 另一方法，還可以利用身邊現有符合尺寸的小物件，來做框型壓印。

4. 於框型內，使用雕刻平刀，由內往外平推的方式，刨掉約0.2公分深度的皂片。

(3)夢幻屋組合

1. 樓梯主體黏貼定位。

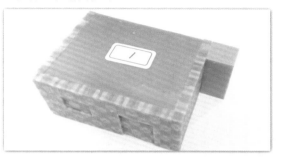

2. 測量左右寬度距離，主體①、③黏著於底板位置，同時將主體③右側塗水與主體①黏合定位。

3. 將主體②底部塗水與主體①黏合定位。

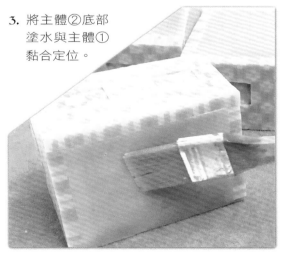

4. 階梯取好間隔距離，塗水黏合。在階梯間隔中置放一片0.2公分厚度的皂片做墊片，待數分鐘階梯黏合固定後，抽出墊片即可。

5. B組合皂片塗水，黏貼在樓梯側邊。

6. 夢幻屋後方的牆面，做全面性塗水黏貼修齊。

7. 窗框、門框周圍塗刷上一點水後，將窗、門片調正角度黏合。（可採半開、微開，較逼真）

8. 測量欄杆擺放位置所需的長度，再進行裁
   切黏合。

9. 屋頂皂片背面塗水黏合。

10. 裁切兩條皂條，黏貼填補於屋頂上方的縫
    隙。

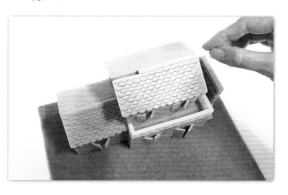

11. 大門決定好置放位置後，將事先裁好的B組
    合拼貼皂沿着周圍黏合，圍起一道圍牆。

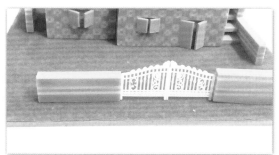

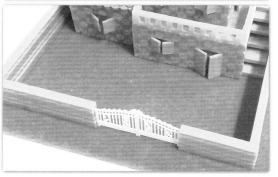

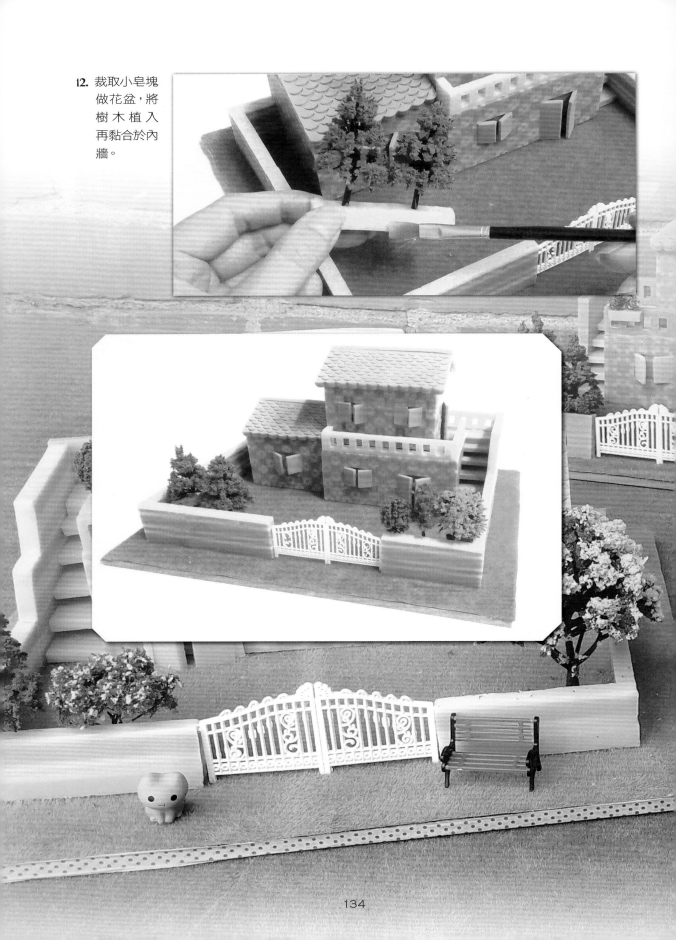

12. 裁取小皂塊做花盆,將樹木植入再黏合於內牆。

了解皂房基本的製作方法後，我們利用了拼貼皂所片下的皂片做為牆面裝飾，不僅減少皂用量與皂邊，更有利於在設計作品的體積上沒有尺寸大小的拘束與限制，我們可以選擇個人喜愛的顏色做搭配來展現不同風貌外，還可以發揮創意巧思，創作變化出屬於自己獨特風格的繽紛夢幻屋哦！

王馥菊（Joyce）

受韓國全球裱花設計、天然設計協會、花藝協會等多項專業認證
新北市手工藝業職業工會　講師
財團法人台灣手工藝文創協會　講師
美國NaHa初階芳療師
華趣手工皂坊 負責人

千創 新視界 —— 手工皂

韓式擠花

從小對花花草草就非常喜愛，近年玩烘培讓我接觸了韓式擠花，美麗花朵的繁多顏色與千變萬化的花型，栩栩如生，讓我不覺醉入花海，心想如果把它擠成皂花，既可以保存更久，親朋好友收到禮物的人，一定也相當驚艷！手工皂除了實用之外，更增添了創意與藝術於一身。

韓式擠花教學過程，最令我感動與有成就感之處，是學員們擠出一朵朵美麗的花朵，從他們開心表情就是最好的回饋。不論是初學或經驗老到的學生，練習是進步的不二法則，對於常常遇到遠道而來學習的學員，我可以體會並感受到韓式擠花的魅力，回想自已以前瘋狂練習投入，追尋韓國各地不同名師精進，一直到現在不停研究真實花朵擠法，擠花真是一個需要靜心與耐心的興趣呀！

謝謝我所有老師們，在教學路上讓我走的更穩更踏實，即使教學的路是如此辛苦，但因為熱愛花草生活是如此的美好，擠出心中最美的花朵，是多麼令人讚嘆！雖然不是每次都極盡完美，但每片的花瓣都是全心注入其中，希望這短篇擠花技巧可以幫助到大家，擠出您的心意！

工具：

烘培紙、花丁、花嘴、花丁座、花剪、剪刀、轉接頭、色粉、珠光粉、手套、刮板、刮刀、量杯、鑷子、擠花袋、溫槍、攪拌棒

配方：

A.	純水	312g
	（母乳、豆漿、羊奶）2.5倍	
	NaOH	125g
B.	椰子油	320g
	棕櫚油	154g
	橄欖油	130g
	澳洲胡桃油	100g
	蓖麻油	80g
	蜜蠟	16g
C.	精油	20ml
	（選擇無色不加速皂化精油）	

做法：

1. 先將蜜蠟與棕櫚油先融解清澈，依序加入其他油脂，讓油的溫度不要超過38度以上，油鹼溫度約控制在38度C以下，皂液溫度不要過高，以免皂化速度過快產生果凍現象。

2. 使用乳製品融鹼，成皂的皂花偏米黃色。

3. 建議油鹼混合後，先手打15分鐘，再分杯電動打至需要的濃稠度擠花。

4. 擠花層配方中可添加1~3%的蜜蠟，這樣所擠出來的奶油花卉更滑順自然，也不至於因為皂液太稀而無法成行。

5. 擠花後剩下的皂液，可刮入塑膠袋內，放入保麗龍盒中保溫兩天後，連同塑膠袋放置於室溫中，大約一個月後，即可當皂黏土使用。

調色

天然（褪色快）

　　植物粉：容易因見光度而自然褪色。
　　　　　　（可加珠光粉定色）

　　礦泥粉：也會退，變得暗一些，不像植物粉的顏色退得較明顯。

半天然（較不易褪色）

　　珠光粉、雲母粉、色粉

色素：食用色素、一般色素、油溶性、水溶性

1. 色彩搭配每個人喜好不一，建議一個作品不要超過三種強烈色調。

2. 多以生活或大自然原本色系，做出來的顏色才會舒服。

3. 在作品中至少要有一個色彩是「亮眼」，挑整個作品的氣勢與質感。

韓式擠花──我愛花花杯子皂花

蘋果花　Apple blossom

花嘴：#104、#2

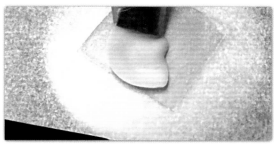

◎在花丁上黏上烘培紙
◎花嘴45度角立起，口徑較寬，花嘴朝向花丁，轉動花丁擠出扇形。

◎輕貼在第一瓣後面擠出第二瓣花瓣以此類推，擠出三、四、五瓣。

◎第五瓣不要碰到第一瓣，角度微立擠出均等五瓣花朵。

◎最後用#2花嘴在花蕊位置擠上3點花蕊。

◎待擠好花朵，微硬較好組裝完成。

◎在杯子中間擠上像霜淇淋型的皂液，用花剪取花，把花一朵一朵的緊黏上中間皂液。

◎黏完一圈再往上一層，花與花之間要交錯。

◎再用#352花嘴擠上葉子

藍盆花 Scabiosa

花嘴：#104、#81、#2

◎直接在杯子上擠出花瓣，先從杯子1／2處開始由內向外杯子邊緣擠出花瓣，一瓣接著擠出一瓣，像愛心的花瓣。

◎在花蕊預留位置，用#81花嘴圍著中央擠兩圈皂液。

◎擠出一瓣接著一瓣愛心花瓣，重複擠完一圈。

◎擠完一圈，中間請不要填滿。

◎最後，用#2花嘴在預留位置擠數點黃色作為花蕊。

◎再用#352花嘴擠上葉子。

◎接續擠第二層，第二層的花瓣要比第一層的花瓣略短，也是由內向外擠出花瓣接續擠完一圈。

菊花 Chrysanthemum

花嘴： #81

◎在花丁上黏上裱花紙。
◎中心擠出一個基柱。

◎在杯子中心擠出一個黏著點，跟花嘴高度一差不多。

◎#81花嘴先從基柱上面擠出相互交疊的三小瓣。

◎取三朵菊花以45度擺飾置杯子上。

◎在基柱的核心一圈接著一圈，以同樣的方式擠出來花瓣。

◎每一層花瓣要交錯，花瓣不要越擠越高，有點盛開的弧度會比較漂亮。

◎再用#352花嘴擠上葉子完成。

玫瑰 Rose

#104 花嘴

◎花丁黏上一張烘培紙。
◎擠一個基柱超過花嘴一半高。

◎手握擠花袋輕靠在基柱上方位置，開始擠出一個
　花蕊，邊擠皂液邊逆時鐘轉花丁，轉置一圈半。

◎玫瑰花四層花瓣依序為：1、3、5、7瓣數。
◎第二層三瓣花瓣要比第一層高一點點，包住第一
　層。

◎第三層依序擠出有層次交疊花瓣。
◎記得轉花丁每一瓣花瓣都是從上一瓣1／2邊
　擠皂液邊轉，上下滑動方式擠出弧度優美的
　花瓣。

◎花瓣大小平均

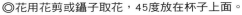

◎一個杯子中間擠皂液，當黏著劑。
◎花用花剪或鑷子取花，45度放在杯子上面。

◎再用#352花嘴擠上葉子完成。

142

韓式擠花─真實花系列

繡球花 Hydrangea

#103、#2 花嘴

◎#103花嘴輕靠在小基柱上方邊擠邊微轉花丁，擠花袋力量放掉，花嘴1點鐘方向提起來，自然形成一個菱形花瓣。

◎四瓣繡球花一瓣接著一瓣擠出來
◎每一瓣都要清楚分明有角度的花瓣，組裝起來才會漂亮。
◎中間不要有空隙。

◎在花蕊中間用#2花嘴擠上花蕊一點，可用淡色或深色來表現。

◎擠出數朵小花最後組裝堆疊備用。

#121 花嘴

◎取一烘焙紙黏在花丁上，因為牡丹花屬於大花，
　所以基柱要大一點。

◎手握擠花袋花嘴直立在基柱頂部，邊逆時鐘轉花
　丁，中間擠出一個小花苞。

◎花嘴直立輕貼小花苞擠出三瓣花瓣，包住小花苞。

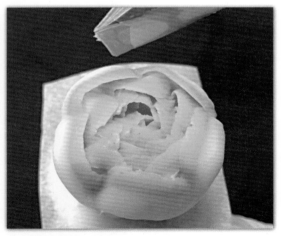

◎手握擠花袋花嘴直立，每一層都輕貼擠出均等五
　瓣花瓣，花瓣要交錯，不可以蓋住上一層。此
　動作可作3~5層準備開花。

◎五層花苞擠完準備開花，輕貼花體花嘴微斜，擠
　出交錯均等五瓣花瓣。

◎邊擠出皂液邊轉花丁，才能擠出優美的花瓣。

◎花要開的更大，花嘴需要更斜輕貼花體，邊轉花
　丁擠出盛開的樣子

◎最後組裝須擠出有大有小的牡丹組裝備用。

真實玫瑰

花嘴 #104

◎取一張烘培紙黏在花丁座上，擠一個基柱，右手
　握擠花袋左手轉花丁在基柱頂部擠一個花苞。
◎順時鐘擠逆時鐘轉一圈半。

◎花蕊共七層花瓣數為1、3、5、7，短瓣較像花
　蕊包起來。

◎第八層準備開花，花嘴直立輕貼花體，轉出弧度
　較大的花瓣，約5瓣。

◎開花花嘴輕貼花體，角度要微斜，
◎記得邊擠邊轉花丁，才有漂亮弧度的花瓣。

◎開花花瓣數沒有特定，主要以整個花朵看起來有
　圓。

◎最後在擠好的花瓣，用花嘴輕輕在花瓣尖端來回
　點上「自然微破裂」樣子。

◎開花一層層往下開花，正面看起來層次會很豐富，尤其是較大的玫瑰花。

◎玫瑰花苞作法一樣，只是層數相對少，約兩到三層，花瓣數同樣也不重要。

進階葉子 Leaves

花嘴 #104

1. 取一張烘培紙手指輕壓在桌上，#104花嘴斜角度輕輕抖出葉脈紋路。

2. 由內向外邊擠邊抖出葉脈，可轉動烘培紙擠出另一邊葉脈。

1. 從頭到尾手都要輕壓住烘培紙，花嘴離開後才不會整張紙黏起。

2. 擠好數片待硬組裝使用

成品

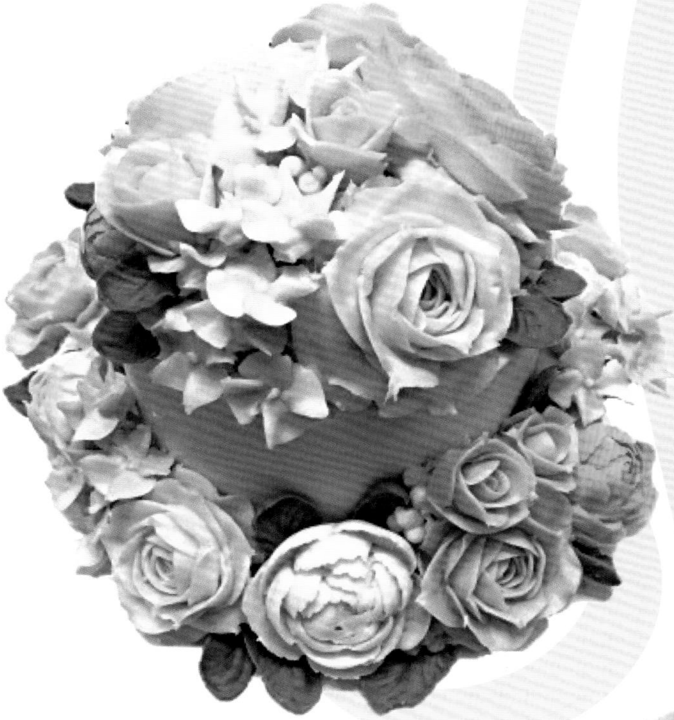

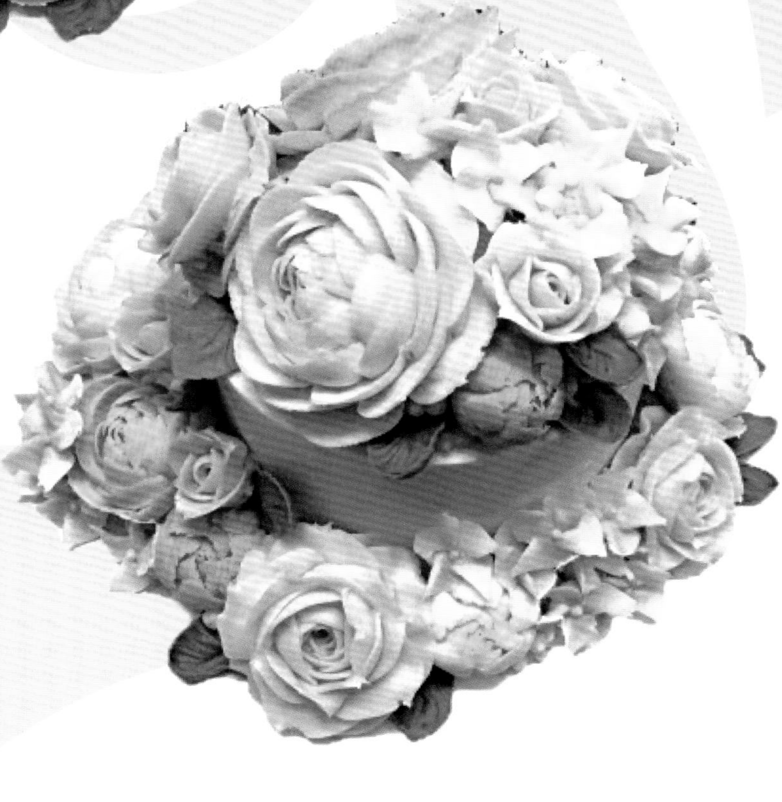

對攝影初學者的建議

林明進

擅長各式商品及手工皂、化妝保養品情境拍攝
手工藝工商協聯合會 攝影顧問
手工藝工商協聯合會 手工皂與保養品課程 攝影講師
105 年勞工自主學習計畫 生技保養品手作課程 攝影講師
臉書粉絲團：優視影像有限公司

　　成立於1993年，由專業底片商業攝影，於2000年轉型高階數位機背系統，提供高品質影像服務，專注化妝保養品、美食、珠寶精品、3C創意商品及人物，也提供專業攝影器材之諮詢、規劃、銷售及商業攝影教學。

在這裡建議初學者或對攝影不甚了解的朋友，先清楚了解自己所使用的拍攝工具（手機或相機）的相關功能及設定，可透過使用手冊或教學示範來了解。如此能有效幫助自己拍出好照片喔~

攝影數位化後有一項必須注意的就是白平衡這功能，一般來說手機或相機出場設置白平衡會在（自動）的選項中。在不同的環境光源中會自動修正為正常色溫值（正常色溫值為5500K，也就是比照中午大太陽光源的色溫值）。當拍攝時發覺拍出來的照片顏色不對時，可注意現場環境光源來修改設定，讓拍出的照片能有正確的顏色表現。

表一：白平衡的設定選項

AWB	自動	相機會自動設定最適合拍攝環境的最佳白平衡
☀	日光	適合在晴朗的戶外拍攝
🏠	陰影	用於在陰暗處拍攝
☁	陰天	用於在多雲或薄暮環境下拍攝
🔆	鎢絲燈	鎢絲燈
〰	白光管	適合在白色光管光源下拍攝
⚡	閃光燈	適用於使用閃光燈拍攝
📷	自訂模式	適用於手動設定自訂白平衡

◎如示範左白平衡為自動模式，右白平衡為鎢絲燈模式（於單一光源條件下示範）

在更改白平衡設定建議於單一光源底下，如此照片的顏色才會趨於一致，若再混合光源下拍攝就有如下面示範圖的狀況。

這示範的拍攝環境有兩個不同的光源，一是正前方白光的螺旋燈，一是左側的鎢絲燈。由於是用鎢絲燈模式來拍攝，所以照片中的玩偶因正前方的白光的影響下，讓顏色有所差異而不討喜喔。

由於數位化進化得相當快，也讓拍照變得容易許多，因此一般人拿起拍攝工具，無論是相機或手機拍照時，在光線不足的環境拍照，常常會覺得拍出來的照片畫質上很不滿意，這狀況排除手晃的因素，這與ISO（感光度）有關係的，跟白平衡一樣相機或手機出廠設置會將ISO（感光度）設定為自動。在自動的條件下，會自動判別環境光源的強弱而調整ISO的高低，光源越弱ISO就會自動調高，但ISO越高拍攝出來的照片畫質會越差。

表二：各級ISO環境光源的參考

AUTO	相機因拍攝模式及拍攝環境自動調整ISO感光度。
100、125、160、200	適合在晴朗的戶外拍攝。
250、320、400、500、640、800	適合在多雲或薄暮環境下拍攝。
1000、1250、1600、2000、2500、3200、4000、5000、6400、8000、10000、12800	適合在夜景或昏暗的室內下拍攝。

由於科技發展快速而手機的照相功能也越趨強大，相信許多人會以手機作為主要的拍攝工具，在這邊分享些許用手機拍照的小訣竅。

一、許多朋友希望拍出淺景深的效果，也就是照片畫面中的主角是清楚的，後面配角越模糊越好，但手機的照相機的硬體功能有些許先天上的因素，所以無法有效地拍出淺景深的效果。因此需要了解一些拍攝上的小手法，這樣就可以來達成前景深的效果了。（當然也可透過相關APP軟體來達成）。

若想直接用手機拍出淺景深的效果，請記住以下兩點：

1. 被攝物的主角與配角要離得越遠越好，這樣效果會更好。如下附圖：

◎左圖兩個玩偶距離比較近，因此後面配角的玩偶看起來就相當清楚。

◎右圖兩個玩偶距離比較遠，因此後面配角的玩偶看起來就比較模糊。

2. 手機的鏡頭距離被攝物的主角越近越好，如下面圖示：

左右兩張照片玩偶的距離是一樣，但是手機鏡頭離前面主角玩偶遠近不同，所以兩張照片呈現出不同的景深效果。

◎左圖手機距離前面玩偶比較遠，因此後面配角的玩偶看起來就蠻清楚的，

◎右圖手機距離前面玩偶比較近，因此後面配角的玩偶看起來就較模糊許多。

如果把這兩項因素加起來的話，淺景深的效果會越加顯著喔，有空的話可以自己實際去拍照體驗體驗，這樣拍照會更加有樂趣的。

二、一般多數人用手機拍攝的習慣會如下面圖示的那樣，拍出來的照片也有如右邊的照片一樣，雖然沒什麼不好，但是跟多數人拍出來的都大同小異，沒什麼有特色，因為我們習慣了用一般大眾的視角去看待被拍的事物了。

各位看到上面圖示，想想是否自己拍照時也是一樣如此呢？這樣拍照是否千篇一律了無新意。因此建議翻轉一下自己的思維，改變一下視角看看，這樣或許會拍出跟以往不同的照片喔~接著看看後面的示範照片，只是僅僅將手機翻轉一下，讓鏡頭在下方這樣不僅拍照的視角改變了，拍出來的照片是不是也跟以往有所不同呢。

　　後續有些教學示範時所拍攝的照片（示範教學時的相關攝影器材，是以初學者較容易取的的燈具及相關配件來設定）及商業委託受理在攝影棚內拍攝的相關作品，請大家慢慢欣賞。

作者：韓重珍

作者：林佳樺

作者：吳映萱

作者：高詩婷

千創 新視界 —— 手工皂

作者：林麗娟

作者：鄭惠美

千
創 新視界———手工皂

作者：張則蘭

作者：林采葉

作者：洪錦樟

作者：陳寶玉

手
創　新視界──
手工皂

作者：江語菲

森林系
婚紗禮服

作者：彭馨儀

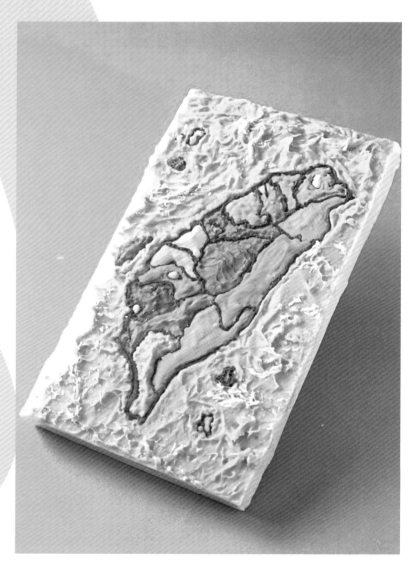

作者：陳為秀

作者：高亞君

作者：林素娟

作者：蔡瓊慧

作者：周靖文

作者：蔡旻芳

作者：吳映萱

千創新視界
——手工皂

謝師宴
驪歌輕唱，離情依依
驪歌再唱，離別在即
敬祝各位老師太座

作者：周素華

作者：林美齡

作者：周振英

作者：李玉華

作者：高亞君

作者：張惠玲

作者：彭文郁

編後感言

「學習」才能加強能力，
「實作」才能驗證所學，
「講述、報告及分享」才能展現紮實真功力，
隨時做好準備迎接挑戰，
未來在創業上必得一席之地。

追求創新~創意決定您的未來

　　創意來自於學習、思考與整理過後，吸收為己用。反覆不斷的練習與嘗試，加入自己的體會與歸納後的想法，開創出屬於自己的獨創風格，千萬別成為一台拷貝機！

　　只要能找到適合自己感覺的作法，並『發揚光大』，手工皂界的大師或講師就是您了！

　　請讓我們能時常看見您的動態，更期盼您能不斷推陳出新，展現出各種『創意』與『創新』的好作品，讓更多的伯樂前來認識您這隻【千里馬】。

手工藝（工、商、協）會

社團法人台灣手工藝文創協會、新北市手工藝業職業工會 理事長 吳聰志
新北市手工藝品商業同業公會 理事長 王碧月
新北市保養品從業人員職業工會 理事長 林麗娟
新北市手工藝文創協會 理事長 陳玉琴
手工藝（工、商、協）會 總幹事 周靖文

敬上

手工藝（工、商、協）會聯合辦事處
新北市三重區同安東街27號
（02）2976-0367

國家圖書館出版品預行編目資料

手創新視界——手工皂 /
　--初版-- 臺北市：博客思出版事業網：2017.02
　ISBN：978-986-93783-5-2（平裝）
　1.肥皂

466.4　　　　　　　　　　　　　　　106001233

手創新視界——手工皂

作　　　者：吳聰志、陳觀彬、侯昊成、林麗娟、鄭惠美、謝沛錡、
　　　　　　吳依萍、陳美玲、陳婕菱、吳佩怜、張碧珠、賴淑美、
　　　　　　楊　塵、蘭可人、陳孟潔、王馥菊、林明進
編　　　輯：黃　義
美　　　編：塗宇樵
封面設計：黃翠涵
攝　　　影：林明進
出 版 者：博客思出版事業網
發　　　行：博客思出版事業網
地　　　址：台北市中正區重慶南路1段121號8樓之14
電　　　話：(02)2331-1675或(02)2331-1691
傳　　　真：(02)2382-6225
E—MAIL：books5w@gmail.com或books5w@yahoo.com.tw
網路書店：http://bookstv.com.tw/、http://store.pchome.com.tw/yesbooks/
　　　　　　http://www.5w.com.tw、華文網路書店、三民書局
　　　　　　博客來網路書店 http://www.books.com.tw
總 經 銷：成信文化事業股份有限公司
電　　　話：02-2219-2080　　傳 真：02-2219-2180
劃撥戶名：蘭臺出版社 帳號：18995335
香港代理：香港聯合零售有限公司
地　　　址：香港新界大蒲汀麗路36號中華商務印刷大樓
　　　　　　C&C Building, 36,Ting, Lai, Road, Tai,Po, New,Territories
電　　　話：(852)2150-2100　　傳真：(852)2356-0735
總 經 銷：廈門外圖集團有限公司
地　　　址：廈門市湖裡區悅華路8號4樓
電　　　話：86-592-2230177　　傳 真：86-592-5365089
出版日期：2017年02月 初版
定　　　價：新臺幣360元整（平裝）
I S B N：978-986-93783-5-2